Emoção em terapia

A Artmed é a editora
oficial da FBTC

H713e   Hofmann, Stefan G.
       Emoção em terapia : da ciência à prática / Stefan G.
  Hofmann ; tradução: Pedro Augusto Machado Fernandes ;
  revisão técnica: Carmem Beatriz Neufeld. – Porto Alegre :
  Artmed, 2024.
       xxi, 194 p. : il. ; 23 cm.

       ISBN 978-65-5882-185-4

       1. Emoções. 2. Psicoterapia. 3. Terapia cognitivo-
  -comportamental. I. Título.
                                                                      CDU 159.942

Catalogação na publicação: Karin Lorien Menoncin – CRB 10/2147

Stefan G. **Hofmann**

Emoção em terapia
da ciência à prática

Tradução
Pedro Augusto Machado Fernandes

Revisão técnica
Carmem Beatriz Neufeld
*Professora associada do Departamento de Psicologia da Faculdade de Filosofia,
Ciências e Letras de Ribeirão Preto (FFCLRP) da Universidade de São Paulo (USP).
Fundadora e coordenadora do Laboratório de Pesquisa e Intervenção Cognitivo-
-Comportamental (LaPICC-USP). Mestra e doutora em Psicologia pela Pontifícia
Universidade Católica do Rio Grande do Sul (PUCRS). Bolsista produtividade do CNPq.
Presidente da Federación Latinoamericana de Psicoterapias Cognitivas y Comportamentales
(ALAPCCO Gestão 2019-2022/2022-2025). Presidente fundadora
da Associação de Ensino e Supervisão Baseados em Evidências (AESBE 2020-2023).*

Porto Alegre
2024

Obra originalmente publicada sob o título
Emotion in Therapy: From Science to Practice, 1st Edition
ISBN 9781462524488

Copyright © 2016 The Guilford Press.
A Division of Guilford Publications, Inc.

Gerente editorial
Letícia Bispo de Lima

Colaboraram nesta edição:

Coordenadora editorial
Cláudia Bittencourt

Capa
Paola Manica | Brand&Book

Preparação de original
Fernanda Luzia Anflor Ferreira

Leitura final
Marquieli Oliveira

Editoração
Ledur Serviços Editoriais Ltda.

Reservados todos os direitos de publicação, em língua portuguesa, ao
GA EDUCAÇÃO LTDA.
(Artmed é um selo editorial do GA EDUCAÇÃO LTDA.)
Rua Ernesto Alves, 150 – Bairro Floresta
90220-190 – Porto Alegre – RS
Fone: (51) 3027-7000

SAC 0800 703 3444 www.grupoa.com.br

É proibida a duplicação ou reprodução deste volume, no todo ou em parte, sob quaisquer
formas ou por quaisquer meios (eletrônico, mecânico, gravação, fotocópia, distribuição
na Web e outros), sem permissão expressa da Editora.

IMPRESSO NO BRASIL
PRINTED IN BRAZIL

Para Rosemary, Benjamin e Lukas

Autor

Stefan G. Hofmann, Ph.D., Alexander von Humboldt Professor do departamento de psicologia clínica da Philipps-University Marburg, Marburg/Lahn, Alemanha, é psicólogo clínico, laureado com vários prêmios importantes, incluindo o Prêmio Aaron T. Beck de 2015, da Academy of Cognitive Therapy, e o Prêmio Aaron T. Beck de Excelência em Contribuições para a TCC de 2012, do Institute for Cognitive Studies no Assumption College. Ele também foi considerado Pesquisador Altamente Citado pela Thomson Reuters. Membro da American Psychological Association (APA) e da Association for Psychological Science, é presidente egresso de diversas sociedades profissionais, nacionais e internacionais, incluindo a Association for Behavioral and Cognitive Therapies e a International Association for Cognitive Psychotherapy. Dr. Hofmann é o editor encarregado do periódico *Cognitive Therapy and Research*, tendo publicado diversos livros, incluindo *Introdução à terapia cognitivo-comportamental contemporânea* (Artmed, 2014); *Terapia cognitivo-comportamental baseada em processos* (Artmed, 2020), com Steven C. Hayes; *Aprendendo a terapia baseada em processos* (Artmed, 2023), com Steven C. Hayes e David N. Lorscheid; e *Lidando com a ansiedade* (Artmed, 2022), além de artigos científicos revisados por pares.

Agradecimentos

Um famoso provérbio chinês, que é a mensagem de um dos meus biscoitos da sorte, diz o seguinte: "Uma jornada de milhares de quilômetros começa com um simples passo". Escrever esta página foi o último passo de uma longa jornada que me custou muitos passos. Sou grato por não ter antecipado quão longa seria essa jornada quando a iniciei, pois alguns trechos foram muito mais árduos do que imaginei a princípio. Gastei incontáveis horas escrevendo, reescrevendo, organizando e reorganizando o texto, e mais tempo ainda lendo, pesquisando e pensando nos assuntos. Algumas dessas ideias me tomaram tempo equivalente ao que gastaria escrevendo diversos artigos científicos. Em vários momentos, senti que estava dando um passo maior do que a perna. Contudo, em vez de desistir e me contentar com menos, comecei a apertar o passo.

Escrever este livro significou renunciar ao tempo com a minha família. Agradeço à minha esposa, Rosemary, e aos meus filhos, Benjamin e Lukas, por terem me permitido fazer o que precisava ser feito. Eu não teria conseguido sem o suporte de vocês. Também agradeço imensamente a Jim Nageotte, editor da Guilford Press, por sua paciência e orientação. Ficou claro que Jim e eu tínhamos a mesma meta e que não nos contentaríamos com menos.

Meus alunos são uma constante fonte de inspiração. Meus agradecimentos a Anu Asnaani, Joseph Carpenter, Joshua Curtiss, Angela Fang, Cassidy Gutner, Shelley Kind e Ty Sawyer. Vocês são uma das muitas razões pelas quais estou convencido de que tenho o melhor emprego do mundo. Agradeço, também, aos meus mentores e amigos. Há muitos a quem agradecer, mas sou especialmente grato a David Barlow, Anke Ehlers, Aaron T. Beck e Steven Hayes. Durante

x   Agradecimentos

alguns breves momentos, estive sobre os ombros de gigantes, perguntando-me como é que havia chegado até lá.

A jornada agora termina, tendo sido longa e peculiar. Como é o caso de muitas viagens empolgantes, eu aproveitei o trajeto na maior parte do tempo; mas também estou feliz por ter finalmente chegado ao meu destino. A jornada me ensinou bastante, e espero que eu tenha sido capaz de compartilhar o que aprendi sobre como melhorar a saúde emocional.

Apresentação

Seria difícil escolher um tema que fosse ao mesmo tempo tão discutido e tão árduo de compreender quanto o da emoção. Praticamente toda supervisão, apresentação de caso clínico ou sessão incluirá termos emocionais — muitos deles. Rótulos emocionais são utilizados com frequência para nomear ou descrever distúrbios clínicos. Os clientes explicam suas necessidades e desejos utilizando-os. Se você colocar uma amostra razoável de termos emocionais em *sites* como o Google Books Ngram Viewer ou o WordNet-Affect, rapidamente perceberá que há pouco de substancial na literatura em inglês que não esteja ligado, de algum modo, à experiência emocional.

Há uma razão para esse uso extensivo: uma emoção sentida e expressa faz muito pelos seres humanos. Ela nos diz coisas a respeito de nossos corpos, história e predisposições. Ela nos ajuda a entender a nós mesmos, a predizer nossas próprias ações e a contar para os outros do que precisamos ou o que queremos. E isso é só o começo.

Neste seu novo e importante livro, Stefan G. Hofmann resume a vasta literatura sobre emoção e a conecta à prática clínica. O autor faz isso com um estilo que, creio, é particularmente útil, e por isso quero destacá-lo para o leitor, a fim de que tenha mais chances de aproveitá-lo.

Você pode vislumbrar o tamanho do desafio assumido por Hofmann tão logo o termo *emoção* é definido nas primeiras páginas do Capítulo 1.

Uma emoção é (1) uma experiência multidimensional que (2) se caracteriza por diferentes níveis de ativação e por graus de prazer-desprazer; (3) associada a experiências subjetivas, sensações somáticas e tendências motivacionais; (4) marcada por fatores contextuais e culturais; e que (5) pode ser regulada, até certo ponto, por meio de processos intrapessoais e interpessoais. (p. 2)

Essa definição envolve tópicos centrais na psicologia, como:

- Experiência
- Ativação fisiológica
- Sensação
- Motivação
- Cultura
- Contexto — abarcando tanto história quanto circunstância
- A valência da experiência
- Autorregulação
- Regulação social

A lista é intimidante, mas seria um grande erro permitir que sua abrangência nos paralisasse. A experiência emocional é demasiadamente importante à experiência humana para que a deixemos de lado simplesmente porque é complicada ou não muito fácil de definir e mensurar.

Hofmann entende que a emoção é uma espécie de ponto central em uma rede ampla de temas. Este livro explora essa rede; a preenche. O livro não se detém a definições rígidas: ansiedade é "realmente" isso ou tristeza é "realmente" aquilo. Uma emoção não é assim tão facilmente definida; uma emoção é inerentemente multidimensional e multifacetada. É exatamente por isso que muitos autores menos capacitados se furtaram de empreender um mergulho profundo no tema. É também por isso que este livro em particular é tão útil e a abordagem escolhida é tão sábia, penso eu.

Quando o assunto é a prática psicológica, vemos muitos extremos no tratamento da emoção: a experiência emocional é o tema principal de todo trabalho clínico e uma área de interesse comum a todos; emoções são importantes, mas apenas como uma espécie de efeito colateral de outros processos (p. ex., cognição); emoções são um epifenômeno; emoções são apenas uma construção social; emoções não são nada além de sensações corporais e predisposições comportamentais. Existem sistemas inteiros de psicoterapia que mal mencionam as emoções, bem como outros que encontram dificuldades em mencionar algo além delas. Esses teóricos fincam sua bandeira em uma série de assuntos específicos que se relacionam com as emoções, mas esquecem de considerá-las e apreciá-las como um todo.

Este livro foge dos extremos porque tem outro propósito: empoderar o leitor para que possa abordar o tema a partir de vários ângulos. Ele deseja que o leitor enxergue a rede em si mesma, e não apenas um ponto dentro dela. Ele aborda o tema com seriedade e uma dose saudável de ceticismo, preservando sua fascinação pelas emoções e sustentando um senso fundamental de profunda importância. Ele convida o leitor a adotar a mesma postura de abertura, seriedade, curiosidade e cuidado que contribui para que os clínicos e pesquisadores mantenham uma perspectiva equilibrada enquanto consideram como as emoções podem ter uso prático.

Você não fechará este livro com uma única visão sobre as emoções forçada "goela abaixo". Em vez disso, você o fechará com um apreço pelas muitas facetas desse domínio e com a perspectiva de pesquisas e caminhos clínicos a serem explorados. Esse é um empoderamento intelectual prático e atípico, que respeita profundamente os leitores. Você jamais será menosprezado ou abandonado, e jamais será humilhado. Ao contrário, existe um senso sistemático de uso da ciência e da razão para desmantelar e examinar criticamente um importante tema que todos os psicoterapeutas e todas as escolas de pensamento psicológico precisam confrontar. O livro irá guiar e ajudar, mas não ditará.

Cada capítulo termina com um resumo, trazendo tópicos breves, que podem ser utilizados para guiar a prática clínica. Recomendo que você preste bastante atenção a esses resumos. Eles não são meras repetições: são valiosíssimos. Você ganhará muito apenas os revisando antes das sessões, pois eles têm grande poder de síntese.

Permita-me dar alguns breves exemplos. Aqui estão três declarações extraídas dos resumos apresentados em diferentes partes do livro.

- "A fim de ganhar mais clareza sobre seus estados emocionais, pode-se instruir os clientes que explorem não só seus pensamentos e sentimentos sobre eventos ou gatilhos específicos, mas também seus pensamentos e sentimentos sobre seus sentimentos iniciais/primários. Comportamentos e sintomas fisiológicos podem preceder e causar emoções, e emoções também podem preceder e causar comportamentos e sintomas fisiológicos." (p. 21)
- "Estratégias de regulação emocional por si sós não são boas nem ruins. Sendo assim, sua eficácia depende da adaptabilidade de uma estratégia de regulação emocional a uma demanda situacional específica e à conquista de um objetivo." (p. 97)
- "As pessoas tendem a superestimar a intensidade do afeto positivo e negativo que pensam que irão experienciar caso determinado evento ocorra,

xiv Apresentação

pois elas subestimam a importância dos processos autorregulatórios e tendem a desconsiderar circunstâncias associadas, que ocorrerão concomitantemente àquele evento no futuro (o que é conhecido como *focalismo*)." (p. 78)

Há muita sabedoria aqui. Após finalizar a leitura desses tópicos, eles terão se tornado inspirações clínicas úteis que darão acesso a toda uma rede de conhecimento. Existem vários desses tópicos ao longo do livro, e o conhecimento por trás deles irá modificar sutilmente a maneira como você pensa sobre a temática das emoções, de modo a indicar, tanto aos praticantes quanto aos pesquisadores, caminhos úteis a serem explorados.

Esse é um grande serviço prestado ao campo. Este livro é uma contribuição atípica, que deve ser apreciada, saboreada — e, então, utilizada.

Steven C. Hayes, Ph.D.
Professor de Psicologia
University of Nevada, Reno

Prefácio

O propósito deste livro é converter *insights* da pesquisa sobre emoção em aplicações clínicas. Emoções são um determinante-chave da saúde mental. A habilidade de lidar de forma competente com as emoções é uma característica humana que facilita a adequação social e o bem-estar geral. Perseguir metas na vida demanda tolerância e gestão de uma ampla gama de estados afetivos, incluindo sentimentos desconfortáveis e angustiantes. Estratégias ineficazes para lidar com emoções são a fonte principal de muitos problemas psicológicos. Na verdade, a maioria desses problemas é emocional. Alguns deles podem ser tratados de modo eficaz por meio de intervenções psicológicas, como a terapia cognitivo-comportamental (TCC). Embora muitas pessoas melhorem após esses tratamentos, elas ainda se veem, não raro, bem longe do ideal de um ser humano saudável e feliz, livre de desconfortos emocionais. Os tratamentos que atuam para além do nível da sintomatologia de doenças podem melhorar significativamente sua saúde emocional e qualidade de vida. Neste livro, apresento muitas abordagens que visam não apenas à redução do sofrimento, mas também à promoção do bem-estar por meio da conversão de descobertas relativas à pesquisa sobre emoção e motivação, ciência afetiva e psicologia social em conhecimento aplicável à prática clínica.

Embora as emoções sejam um componente central da saúde mental, existem poucas recomendações clínicas concretas para lidar especificamente com elas. Com o objetivo de ilustrar como a pesquisa pode ser traduzida em técnicas clínicas específicas, apresento em cada capítulo seções intituladas "Na prática", juntamente a ilustrações de casos e resumos finais que destacam algumas das informações clinicamente relevantes discutidas.

xvi Prefácio

Estudos recentes sugerem que estratégias específicas voltadas à saúde emocional podem, de fato, aprimorar tratamentos já existentes para transtornos mentais. Mostrou-se que os indivíduos diferem em suas maneiras habituais de administrar emoções, e que essas diferenças individuais estão associadas de maneira importante ao funcionamento psicossocial. Por exemplo, descobriu-se que, no geral, indivíduos que fazem uso habitual da reavaliação para regular emoções experienciam mais emoções positivas e menos emoções negativas, têm melhor funcionamento interpessoal e relatam maior bem-estar. Em contrapartida, aqueles que fazem uso habitual da supressão experienciam menos emoções positivas e mais emoções negativas, têm pior funcionamento interpessoal e relatam menor bem-estar. Ainda, parece que nenhuma estratégia específica de regulação emocional é, em si mesma, adaptativa ou mal-adaptativa. Em vez disso, seriam as demandas contextuais e situacionais as determinantes do caráter adaptativo ou mal-adaptativo de uma estratégia em particular. Portanto, nós deveríamos, idealmente, desenvolver a habilidade de aplicar de modo flexível qualquer estratégia a fim de alcançar objetivos desejados e evitar desfechos indesejados.

É importante observar, no entanto, que este livro não enfoca simplesmente a regulação emocional. O termo *regulação emocional* tornou-se um tema de pesquisa relativamente restrito dentro da psicologia social, com (a meu ver) relevância relativamente limitada para a prática clínica. O termo *emoção*, ao contrário, é amplo e complexo. Meu objetivo principal, segundo salientei, é converter o conhecimento adquirido a partir de várias disciplinas que examinam as emoções em estratégias clínicas concretas, visando a aprimorar a psicoterapia para uma variedade de problemas psicológicos. Os conteúdos que reviso incluem neurociência afetiva, pesquisa laboratorial sobre emoções, pesquisas biológicas, antropológicas, sociais e da personalidade, psiquiatria e até mesmo práticas budistas e de outras religiões.

As estratégias que descrevo são *transdiagnósticas*. Embora evidências empíricas as alinhem mais com a TCC, elas não estão restritas a qualquer modelo psicoterápico específico. Elas oferecem recomendações concretas aos clínicos para que incorporem as emoções aos tratamentos psicossociais tradicionais. O livro tem oito capítulos. O Capítulo 1 discute a natureza das emoções e revisa as teorias mais influentes e relevantes sobre as emoções. O Capítulo 2 identifica as diferenças individuais relacionadas com a experiência, a expressão e a regulação das emoções. Emoções estão diretamente associadas a tendências de aproximação e evitação e à concretização de objetivos. Assim, o Capítulo 3 discute a relação entre motivação e emoção. O Capítulo 4 revisa o conceito de *self* e a autorregulação aplicados às emoções, e o Capítulo 5 examina detalhadamente uma estratégia particular de autorregulação: a regulação emocional. O Capítulo 6 dedica-se à avaliação e à reavaliação, aspectos importantes da TCC. O Capítulo 7 discute estratégias de *mindfulness* e de meditação — incluindo a meditação de compaixão — no aprimoramento do afeto positivo, que é o aspecto negligenciado, mas importante, da saúde emocional. Por fim, o Capítulo 8 oferece um breve panorama dos correlatos neurobiológicos das emoções e da regulação emocional.

O público-alvo que eu tinha em mente durante a escrita deste livro é formado por clínicos e profissionais da saúde interessados nas abordagens de tratamento mais inovadoras. Aprendi muito enquanto pesquisava esse campo fascinante e desfrutei da oportunidade que tive de resumir e traduzir todo o conhecimento adquirido, a fim de derivar estratégias de tratamento concretas. Espero ter sido bem-sucedido.

Sumário

Apresentação   xi
Steven C. Hayes

Prefácio   xv

1 A natureza das emoções   1

Definindo emoção   1
Emoções básicas   3
Características das emoções   5
Afeto *versus* emoção   11
Afeto central   12
Afeto positivo *versus* afeto negativo   14
Função das emoções   15
Nature versus nurture   17
Metaexperiência das emoções   18
Resumo de pontos clinicamente relevantes   21

2 Diferenças individuais   23

Níveis de diferenças individuais   23
Pano de fundo cultural   24
Diátese   25
Estilos afetivos   31
Desregulação do afeto negativo: ruminação,
    inquietação e preocupação   34
Afeto positivo   36
Transtornos emocionais   37
Resumo de pontos clinicamente relevantes   47

xx Sumário

3 Motivação e emoção 49

A relação entre motivação e emoção 49
Comportamentos motivados 52
Motivação aproximativa *versus* motivação evitativa 54
Querer *versus* gostar 57
Ativação comportamental 60
Resumo de pontos clinicamente relevantes 62

4 *Self* e autorregulação 63

A estrutura do *self* 63
Autoconsciência 65
Desenvolvimento do *self* 67
Self e afeto 68
Self, ruminação e preocupação 74
Resumo de pontos clinicamente relevantes 77

5 Regulação emocional 79

Definindo regulação emocional 79
Regulação emocional e enfrentamento 80
Regulação emocional intrapessoal 81
Regulação emocional interpessoal 89
Resumo de pontos clinicamente relevantes 97

6 Avaliação e reavaliação 99

Abordagem cognitivo-comportamental 100
Avaliação mal-adaptativa 104
Técnicas de reavaliação 107
Esquemas mal-adaptativos 110
Reavaliação e emoções 112
Resumo de pontos clinicamente relevantes 113

7 Afeto positivo e felicidade 115

Definindo afeto positivo e felicidade 115
Pano de fundo histórico 116
Afeto positivo não é a ausência de afeto negativo 118
Medindo o afeto positivo e a felicidade 119
Predizendo o afeto positivo e a felicidade 120
Mentes errantes, mentes infelizes 120
Mindfulness 122
Assentando-se e respirando com atenção plena 127
Alimentando-se com atenção plena 128
Meditação de bondade-amorosa e de compaixão 131
Resumo de pontos clinicamente relevantes 136

Sumário **xxi**

8 Neurobiologia das emoções 139

Sistemas neurobiológicos das emoções 139
Neurobiologia da regulação emocional 142
Correlatos da empatia 145
Diferenças individuais em neurobiologia 147
Conclusão 148
Resumo de pontos clinicamente relevantes 149

Apêndices Apêndice I: Medidas comuns de autorrelato 151

Apêndice II: Relaxamento muscular progressivo 155

Apêndice III: Escrita expressiva 159

Referências 163

Índice 185

1

A natureza das emoções

A capacidade de experienciar emoções é uma qualidade humana essencial. O tenente comandante Data, um dos personagens da série popular de TV *Jornada nas estrelas: a nova geração*, era um robô humanoide (androide) que apresentava todos os traços humanos, exceto um: ele era incapaz de experienciar emoções. Em muitos episódios, essa incapacidade era retratada como a peça principal que faltava naquele quebra-cabeça humano. Apesar de sua inteligência, Data tinha dificuldade de compreender (e seus colegas humanos de explicar) a natureza das emoções. Certa feita, o personagem de Data transforma-se drasticamente quando, no filme *Irmãos*, da mesma franquia, um *chip* emocional é implantado em sua rede positrônica. Ele então deixou de ser uma máquina inteligente e autoconsciente e passou a ser humano.

Mas o que exatamente é uma emoção? Quais são suas características definidoras? Qual é a diferença entre emoção e afeto? Qual é a relação entre pensamentos e emoções? As emoções servem a algum propósito ou função? Como as emoções são experienciadas, como são criadas e como se relacionam com comportamentos e doenças mentais?

São essas as perguntas que abordo neste capítulo. Alerta de *spoiler*: não há definição de uma só frase; uma emoção é um construto multidimensional e multifacetado, e existem muitos termos relacionados que são usados para defini-la.

DEFININDO EMOÇÃO

Para começarmos, a definição de emoção utilizada neste livro é a seguinte:

Uma emoção é (1) uma experiência multidimensional que (2) se caracteriza por diferentes níveis de ativação e por graus de prazer-desprazer; (3) associada a experiências subjetivas, sensações somáticas e tendências motivacionais; (4) marcada por fatores contextuais e culturais; e que (5) pode ser regulada, até certo ponto, por meio de processos intrapessoais e interpessoais.

Essa definição sugere que as emoções abarcam sistemas biológicos que estão comumente (mas não necessariamente) associados a adaptações evolutivas e tendências motivacionais e que são moldadas por fatores sociais e culturais, bem como por outros fatores contextuais. Uma breve revisão da base neurobiológica contemporânea das emoções é dada no Capítulo 8.

Uma emoção é uma experiência. Assim, *quando temos uma emoção*, estamos nos referindo à *experiência* de uma emoção. Essa experiência é comumente (mas nem sempre) desencadeada por um estímulo, como uma situação, um evento, outra pessoa, um pensamento ou uma memória. Na maior parte do tempo (e, novamente, nem sempre), estamos conscientes dessa experiência e do estímulo que a desencadeou. No Capítulo 8, examino mais detalhadamente os diferentes níveis de processamento (consciente e inconsciente) do material emocional.

A *experiência emocional* e a *resposta emocional* estão ligadas funcionalmente. Em suma, o termo *resposta emocional* se refere à reação a estímulos ou gatilhos causadores de emoções, ao passo que o termo *experiência emocional* se refere à atribuição de um rótulo a essa resposta. Como será discutido com mais detalhes posteriormente no capítulo, William James (1884) e Carl Lange (1887) consideraram que uma emoção seria simplesmente a sensação de respostas corporais específicas a uma situação. Essa teoria ficou conhecida como a teoria das emoções de James-Lange. Mais tarde, teóricos cognitivistas consideraram que uma experiência emocional é resultado da avaliação cognitiva de uma ativação fisiológica geral (Schachter & Singer, 1962).

Emoções, em si mesmas, não são nem *boas* nem *ruins*, mas são comumente experienciadas como agradáveis ou desagradáveis, a depender dos fatores contextuais, como aspectos situacionais específicos e as interpretações que as pessoas fazem deles. A definição sugere ainda que as emoções podem, até certo ponto, ser reguladas, tanto de modo intrapessoal, por meio de estratégias cognitivas, como a reavaliação ou a supressão, quanto interpessoal, por meio de outras pessoas. Além do mais, emoções raramente são experienciadas em estado puro, mas de maneira "confusa". Elas são experienciadas comumente como misturas e amálgamas de várias emoções (p. ex., sentir-se feliz e triste, irritado e amedrontado), e diferentes emoções podem se unir, formando redes complexas e resultando em emoções sobre emoções (uma noção que discuto mais detalhadamente no decorrer deste livro).

Definições do que são as emoções variam de acordo com a posição que se tomará em relação ao dilema *"nature* versus *nurture"* (i.e., se a pessoa considera que as emoções são biologicamente programadas ou que são um produto do contexto social). A definição que uso inclui componentes de ambos; as emoções são moldadas por contextos e cognições, mas também têm uma base biológica e evolutiva clara. Mais de uma década após sua principal contribuição no tema da evolução, que revolucionou o campo da ciência, Darwin escreveu *A expressão das emoções no homem e nos animais* (1872/1955), obra que discute a importância evolutiva das emoções. Nessa obra, Darwin defende que as expressões emocionais são universais, manifestando-se em diferentes eras e até mesmo espécies. Ele observou:

> Os movimentos das expressões faciais e corporais (...) funcionam como a primeira forma de comunicação entre mãe e filho; ela sorri em aprovação, encorajando, assim, seu filho, ou franze em desaprovação. Nós imediatamente percebemos simpatia nos outros por sua expressão; nossos sofrimentos são, pois, mitigados, e nossos prazeres, maximizados; e então um agradável sentimento mútuo se fortalece. Os movimentos da expressão conferem vividez e energia às nossas palavras. Eles revelam os pensamentos e intenções dos outros mais fielmente do que o fazem as palavras, que podem ser falsificadas. (p. 364)

Darwin confere às emoções uma função comunicativa importante e as liga fortemente às cognições. Estas, por sua vez, também servem a uma função evolutiva importante, pois permitem ao organismo que preveja, baseado em uma quantidade limitada de informação, se uma situação pode nos levar a um estado desejado ou indesejado. A depender dessa predição, o organismo então decide se comportar de modo a maximizar as chances de alcançar um estado prazeroso ou de evitar um estado indesejado. Cognições e emoções interagem intimamente com comportamentos por meio de um processo complexo que inclui *input* sensorial, atenção e informação armazenados nas memórias de longo e de curto prazos. De modo semelhante a estruturas anatômicas, supõe-se que esse processo tenha evoluído para formar estruturas adaptativas que servem para aumentar a adequação evolutiva para o indivíduo.

EMOÇÕES BÁSICAS

Influenciados pela visão de Darwin, muitos teóricos propuseram que as emoções têm sua base em sistemas biológicos que evoluíram para governar comportamentos e promover a sobrevivência das espécies, incluindo a raça humana (p. ex., Tomkins, 1963, 1982; Ekman, 1992a; Izard, 1992). Esses e outros teóricos postularam a existência de um grupo de emoções *básicas* que possivelmente são encontradas em todas as culturas humanas e que compartilham similaridades com diferentes espécies. Supõe-se que esse grupo de emoções cumpre funções úteis e evolutivamente adaptativas para lidar com desafios fundamentais da vida ao congregarem reações rápidas e adaptativas em resposta a mudanças ambientais. Assim, emoções básicas são concebidas como respostas evolutivamente adaptativas a demandas situacionais. Ekman (1992a) coloca que um sentimento constitui uma emoção básica se: (1) tem um início rápido; (2) uma duração breve; (3) ocorre involuntariamente; (4) a avaliação autonômica do evento que o disparou leva a um reconhecimento praticamente instantâneo do estímulo; (5) os eventos que o antecedem são universais (i.e., não são específicos de uma cultura em particular); (6) o sentimento é acompanhado de um padrão característico de sintomas fisiológicos; e (7) é caracterizado por sinais universais distintivos, na forma de expressões faciais e comportamentos específicos.

Essa definição está bem alinhada com uma perspectiva darwiniana das emoções como respostas de base biológica e evolutivamente adaptativas a estímulos ambientais. Essas emoções básicas, que são encontradas provavelmente em todas as culturas (i.e., são universais), incluem alegria, tristeza, medo, raiva e nojo/desdém e são manifestadas por expressões faciais únicas (Ekman, Friesen & Ellsworth, 1972).

A vantagem dessa conceituação está em sua simplicidade, que permite testagem experimental por meio da mensuração, por exemplo, das respostas fisiológicas das pessoas e de suas expressões faciais ao serem expostas a diferentes estímulos. Como resultado, muitos investigadores examinaram emoções em seus laboratórios como se elas fossem um mecanismo regulatório linear de *input-out* (entrada-saída). Isso levou a muitos estudos experimentais em laboratório sobre emoções e regulação emocional (que são revisados nos Capítulos 5 e 6). Ao mesmo tempo, essa conceituação ignora muitas complexidades das emoções humanas, como diferenças individuais na experiência emocional, tendências motivacionais associadas a emoções, fatores interpessoais e contextuais que moldam a experiência e a expressão das emoções e a metaexperiência das emoções (i.e., emoções sobre emoções); variáveis estas que serão discutidas ao longo deste livro.

O conceito de *emoção básica* foi desafiado logo após ter sido proposto (p. ex., Ortony & Turner, 1990), e o desafio foi refutado (Ekman, 1992b). De modo similar, Plutchik (1980) assumiu a existência de um grupo de emoções básicas. Mais especificamente, ele propôs, de modo semelhante ao círculo cromático, um modelo circumplexo que inclui um grupo de oito emoções básicas bipolares:

júbilo versus sofrimento, raiva versus medo, aceitação versus descontentamento e *surpresa versus expectativa*. Todas as emoções humanas são vistas como resultado de uma mistura dessas oito emoções básicas, de maneira similar a um espectro amplo que surge ao misturarmos as três cores primárias. Por exemplo, dentro desse modelo circumplexo, supõe-se que o amor inclua elementos de alegria e aceitação.

Relacionados a emoções básicas estão processos emocionais primários (Panksepp & Biven, 2010) ou sistemas arcaicos programados biológica e evolutivamente (i.e., sistemas que evoluíram cedo no processo evolutivo). Esses sistemas incluem o *sistema do medo* (*fear*), que permite ao organismo se retirar reflexamente, esconder-se ou fugir; o *sistema do luto* (*grief*) — ou da separação--aflição, antes chamado de *pânico* (*panic*) —, que é ativado quando o organismo experiencia a perda, que está associada ao luto e à aflição; o *sistema da ira* (*rage*), que fica ativo durante atos de agressão; o *sistema da busca* (*seeking*), que fica ativo quando o organismo está em busca de comida ou parceiros sexuais; o *sistema da luxúria* (*lust*), que fica ativo durante atos sexuais; o *sistema do cuidado* (*care*), que fica ativo quando se está criando a prole; e o *sistema do jogo* (*play*), que fica ativo quando se está brincando com a prole, bem como quando estamos desenvolvendo habilidades sociais. Esses sistemas distintos podem ser coativados e trabalhar sinergicamente. Por exemplo, o sistema do pânico e do cuidado propiciam, juntos, vínculo e apego sociais.

CARACTERÍSTICAS DAS EMOÇÕES

As experiências emocionais são complexas e diferem em vários níveis. Algumas emoções são intensas, outras são brandas; algumas são agradáveis, outras são desagradáveis; algumas têm curta duração, outras, longa duração; algumas emoções são simples e diretas, outras são complexas e confusas; algumas emoções parecem estar sob controle, ao passo que outras parecem nos subjugar e nos fazer perder o controle; ainda, algumas emoções estão associadas a um forte impulso de agir, ao passo que outras nos paralisam. Apesar do vasto alcance das diferentes experiências emocionais, acredita-se que existem leis comuns que as governam.

Leis gerais

Frijda (1988) descreveu algumas das leis gerais (12 no total). A primeira é que uma emoção depende da interpretação que se faz da situação. Essa lei tem sido chamada de a *lei do significado situacional*. Essa observação simples, porém importante, é discutida com mais detalhes na próxima seção. Em complemento, é possível que se argumente que a interpretação não se limita à situação, mas se estende também à experiência associada à emoção. Novamente, essa observação é mais bem discutida adiante.

A segunda lei coloca que a experiência emocional depende das metas, dos motivos e dos interesses de cada pessoa. Essa lei tem sido chamada de a *lei do interesse*. Ficamos felizes quando vencemos um *round* do golfe que jogamos às manhãs de domingo, mas ficamos em êxtase se vencemos um torneio muito esperado. Já a terceira lei nos diz que as experiências emocionais crescem em intensidade à medida que seu grau de realidade aumenta (a *lei da realidade aparente*). Portanto, o sentimento de alegria após vencer um jogo de minigolfe contra a esposa de um amigo é experienciado com menos intensidade do que a alegria de vencer um torneio contra Tiger Woods.

Emoções são desencadeadas menos pela presença de condições desejáveis ou indesejáveis do que pelas *mudanças*, reais ou esperadas, em condições desejáveis ou indesejáveis (quarta, quinta e sexta leis: as *leis da mudança, da habituação e do sentimento comparativo*). Portanto, a emoção experienciada por alguém que acertou o arremesso vitorioso de um jogo da temporada regular é experienciada como sendo mais intensa do que a emoção associada à vitória de um jogo do ano passado.

A sétima lei (a *lei da assimetria hedônica*) postula que o prazer (ou desprazer) contínuo eventualmente se esgota, uma vez que a intensidade de uma emoção depende do contexto de referência do evento que a desencadeou. Por isso, alguém experienciará muito mais alegria logo depois de ter ganhado um milhão de dólares na loteria do que após dias, meses e anos.

Sem a exposição repetida a eventos emocionais, as emoções tendem a se conservar (a oitava lei: a *lei da conservação do ímpeto* [*momentum*] *emocional*). Desse modo, a evitação de uma memória traumática pode levar à conservação (i.e., manutenção e persistência) das emoções associadas ao trauma.

A nona lei (a *lei da oclusão*) postula que uma experiência emocional é vivida como única e absoluta. Por exemplo, parece impossível amar duas pessoas diferentes exatamente do mesmo modo e no mesmo grau. Embora sintamos amor absoluto e incondicional por todos os nossos filhos, aqueles que são pais admitirão que os amamos de modo levemente diferente e por razões diferentes (e alguns até mais do que outros). Por outro lado, as emoções raramente são experienciadas em caráter puro, inequívoco e absoluto. Na maior parte do tempo, experiências emocionais são complexas e multifacetadas. Por exemplo, podemos admirar, temer, amar e odiar nossos pais, e essa mistura de emoções mudará ao longo de nossa criação.

Respostas associadas a emoções são frequentemente complexas, pois tendemos a modificá-las baseando-nos nas possíveis consequências que esses impulsos podem gerar (a décima lei: a *lei do cuidado com as consequências*). Também tendemos a perceber eventos emocionais ambíguos de modo a minimizar o grau em que são dolorosos ou difíceis de lidar (i.e., tendemos a minimizar a carga emocional negativa). Ao mesmo tempo, percebemos situações ambíguas de modo a maximizar nosso ganho emocional. Essas duas leis foram chamadas de a *lei da carga mínima* (a décima primeira lei) e a *lei do ganho máximo* (a décima segunda lei).

A natureza transitória das emoções

Independentemente de sua complexidade, uma emoção varia de acordo com o tempo. Podemos nos apaixonar por alguém e sentir uma alegria avassaladora. À medida que o tempo passa e percebemos as muitas dificuldades trazidas pelo relacionamento, a experiência emocional pode mudar para tristeza, desespero ou sentimento de perda. Esses sentimentos podem se misturar e fazer com que nos sintamos dilacerados, com uma ânsia de agirmos sobre eles de maneiras contraditórias. Parte de nós quer se aproximar, mas a outra parte pode querer evitar e até mesmo afastar a própria pessoa por quem nos sentimos atraídos.

Algumas experiências emocionais ocorrem ao longo de segundos, como a surpresa, ao passo que outras (como o amor) podem durar anos ou uma vida inteira. Obviamente, pode-se argumentar que o amor não é um estado emocional, e sim uma abordagem geral e uma perspectiva em relação a algo ou alguém. Isso é diferente de uma experiência emocional circunscrita e de curta duração, como a surpresa ou o medo. A mais difusa e vasta experiência do amor tem maior semelhança com um traço ou disposição a se sentir de um modo (positivo) particular em relação a algo ou alguém, dado um determinado contexto. Por exemplo, um pai amoroso provavelmente experienciará alegria ao escutar seu filho pequeno praticar violino, ao passo que um vizinho cansado poderia se sentir irritado e enraivecido pelo som do instrumento.

Cognições e emoções

As características das experiências emocionais destacam a importância do contexto de referência em que essas emoções são experienciadas, do contexto situacional e, mais ainda, das avaliações cognitivas. Considere os seguintes *insights* de alguns grandes pensadores: "As pessoas não são movidas pelas coisas, e sim pela visão que têm delas" (o filósofo estoico grego Epictetus, 55-134 d.C.); "Se você está incomodado por algo exterior, a dor não se deve à coisa em si, mas à sua estimativa dela, e isso você tem o poder de revogar a qualquer instante" (o imperador romano Marcus Aurelius, 121-180 d.C.); e "*Nada é bom ou mau em si; depende do julgamento que fizermos*" (o dramaturgo William Shakespeare, em *Hamlet*).

Esses *insights* podem ser reduzidos à simples proposição de que situações, eventos ou gatilhos não causam diretamente uma resposta emocional, mas é a avaliação cognitiva da situação, do evento ou do gatilho que conduz à resposta emocional. Em outras palavras, não são os gatilhos que nos deixam com raiva, ansiosos, felizes ou tristes, e sim a interpretação desses gatilhos. Portanto, é importante identificarmos o pensamento relacionado a uma emoção.

Embora pensamentos frequentemente levem a emoções, pensamentos e emoções (bem como comportamentos) não se relacionam de maneira unilateral. Emoções também podem afetar pensamentos quando as pessoas as utilizam para dar sentido ao que ocorre ao seu entorno. Por exemplo, sentir muita ansiedade enquanto aguarda sua esposa chegar em casa pode levar o marido a pensar que "algo terrível *deve* ter acontecido". O cérebro humano está programado para levar informações ameaçadoras a sério, pois ignorá-las poderia pôr em risco nossa sobrevivência. Relações parecidas entre pensamentos e sentimentos existem para outras emoções, como tristeza, raiva, e assim por diante.

Pensar e raciocinar são processos que muitas vezes ocorrem em nível automático. Monitorar e observar seus próprios pensamentos pode retardar o processo e criar uma oportunidade de se estudar a natureza dos pensamentos. Estratégias de meditação, que são abordadas no Capítulo 7, encorajam a consciência do momento presente. Essas estratégias interrompem tendências automáticas e intensificam experiências positivas.

Pensamentos não são fatos, mas "hipóteses", que podem ou não estar corretas. Algumas hipóteses (pensamentos) são mais prováveis que outras (p. ex., "minha tosse é um sinal de câncer de pulmão" vs. "estou resfriado"); já outros pensamentos são imprecisos ("amanhã o mundo acabará"); e, ainda, outros pensamentos estão corretos, mas são mal-adaptativos ("vou morrer, todos vamos morrer, e o mundo acabará"). Não importa quais tipos de pensamentos se apresentam a nós, é importante destacá-los, a fim de avaliar sua validade, probabilidade adaptativa, e assim por diante.

No curso da história da psicologia, várias teorias foram propostas para explicar a relação entre cognições e emoções e, especificamente, a sequência de eventos e a direção de causalidade. A teoria das emoções de James-Lange postula que os estímulos situacionais desencadeiam respostas fisiológicas específicas e únicas, como o aumento das frequências cardíaca e respiratória. Ao mesmo tempo, nós nos comportamos de um modo particular em resposta à situação, como se dá com os comportamentos de esquiva. Uma vez que nos tornamos conscientes desse padrão singular de ativação somatovisceral, rotulamos essa experiência de "medo" após a resposta inicial ao evento ocorrido. Assim, pensa-se que diferentes experiências emocionais emergem porque sintomas fisiológicos e comportamentos específicos estão ligados a essas experiências. Por exemplo, a teoria coloca que experienciamos medo porque situações perigosas levam a sintomas fisiológicos específicos (p. ex., frequências cardíaca e respiratória aceleradas) e comportamentos (p. ex., nós nos sobressaltamos ou escapamos). Alguns estudos de pessoas com lesões na medula espinal são consistentes com essa teoria. Esses estudos demonstram que indivíduos com lesão alta na medula espinal (tetraplegia) experienciam emoções menos intensas do que aqueles com lesões baixas (paraplegia). A teoria pode explicar esse fenômeno porque uma lesão alta na medula espinal interrompe o *feedback* sensorial de uma grande porção do corpo (Hohmann, 1966).

Contudo, existem também fraquezas significativas e óbvias associadas à teoria de James-Lange. Por exemplo, a teoria considera que diferenças sutis no *feedback* sensorial diferenciam a ampla gama de experiências emocionais. No entanto, estudos psicofisiológicos falharam em identificar marcadores biológicos claros ou correlatos fisiológicos exclusivos aos estados emocionais. Além do mais, simplesmente induzir a ativação fisiológica (p. ex., exercitar-se) não leva à experiência emocional, e a ativação fisiológica em muitos casos é demasiado lenta e genérica para explicar a latência e a variedade das expressões emocionais.

Com base nessas e em outras críticas, Cannon (1927) e Bard (1934) formularam uma teoria alternativa sugerindo que a ativação fisiológica indiferenciada, como a resposta de luta ou fuga, é que desencadeia uma emoção. De acordo com a teoria de Cannon-Bard, o tálamo transmite informações sensoriais ao córtex cerebral e envia mensagens de ativação, através do sistema nervoso autônomo, até as vísceras e os músculos esqueléticos.

A influente teoria e os experimentos inovadores de Schachter e Singer (1962) destacam a importância crucial dos processos cognitivos nas emoções. Consistente com a teoria de Festinger (1954), considera-se que um estado ativado incute no indivíduo um desejo de explicar a ativação percebida. Então, uma pessoa que experiencia um estado genérico e indiferenciado de ativação aumentada experiencia uma necessidade de avaliar e de interpretar essa ativação utilizando pistas situacionais.

Essa teoria postula que a intensidade de uma emoção é determinada pela ativação fisiológica, ao passo que a valência e a qualidade da resposta emocional são determinadas pela avaliação do estímulo desencadeante e pelo contexto.

Contrastando com a teoria de James-Lange, o modelo de Schachter-Singer não presume que alguns sintomas fisiológicos são únicos ou específicos a qualquer experiência emocional. Em vez disso, presume-se que a mesma ativação fisiológica genérica pode ser interpretada de formas diferentes, a depender da avaliação (i.e., interpretação) do estímulo desencadeante.

Esse modelo é mais bem ilustrado pelo experimento clássico de 1962 de Schachter e Singer. Nesse estudo, os participantes receberam a informação falsa de que participariam de um experimento sobre os efeitos de vitaminas na visão. Em vez disso, eles receberam epinefrina ou placebo. Epinefrina é a forma sintética da adrenalina, cujo efeito aumenta temporariamente as frequências cardíaca e respiratória e a pressão sanguínea, causando tremores musculares e sentimento de inquietude. Em seguida, os participantes foram distribuídos aleatoriamente em grupos de acordo com dois critérios: informações sobre efeitos da injeção e contexto situacional. Um grupo de participantes recebeu informações precisas sobre os efeitos fisiológicos da injeção (grupo informado); um segundo grupo não recebeu informações sobre quaisquer efeitos fisiológicos da substância (grupo não informado); e um terceiro grupo recebeu informações imprecisas (grupo desinformado). Metade dos participantes de cada um desses grupos foi então distribuída em contextos situacionais diferentes, que consistiram em duas interações sociais forjadas entre alguém da equipe do experimento e um participante. Em uma delas, os participantes foram expostos a uma condição de euforia, em que o membro da equipe se comportou de uma maneira mais feliz, engajando-se em uma atividade lúdica, como fingir que fazia cestas de verdade enquanto lançava bolinhas de papel em um cesto de lixo. Na outra, os participantes foram expostos a uma condição de raiva, em que o membro da equipe claramente expressava sua raiva em relação ao experimento enquanto rasgava um questionário e, eventualmente, saía do cômodo. Os comportamentos dos participantes foram observados através de um espelho unidirecional e foram julgados por jurados independentes. Os participantes também foram questionados sobre seus estados emocionais.

Os resultados demonstraram que os participantes do grupo informado não relataram qualquer emoção intensa, pois eles atribuíram sua ativação fisiológica à injeção. Em contrapartida, os participantes dos grupos não informado e desinformado não tinham uma explicação óbvia para a ativação fisiológica induzida pela injeção. Por isso, eles se respaldaram na situação experimental e no comportamento dos membros da equipe do experimento para interpretarem e rotularem a ativação fisiológica que estavam experienciando. Esse estudo apontou para a importância das variáveis cognitivas para as emoções e mostra que é a avaliação da ativação fisiológica, e não a ativação em si, que determina a experiência emocional. O modelo de avaliação cognitiva das emoções de Schachter e

Singer é consistente com muitas outras observações e com teóricos anteriores, desde Epictetus (135 d.C./2013). Contudo, é pouco provável que esse modelo explique todas as experiências emocionais. É particularmente difícil aplicar essa teoria a experiências emocionais repentinas que ocorrem imediatamente após o evento, como o medo que é experienciado por alguém depois de quase ter sido atropelado. Assim, as teorias modernas das emoções consideram que as cognições estão envolvidas no início de uma experiência emocional em graus variados, a depender do tempo em que o processo emocional ocorre.

AFETO *VERSUS* EMOÇÃO

Os termos *afeto* e *emoção* são construtos intimamente relacionados e com frequência utilizados de maneira intercambiável. Entretanto, em nossa discussão, eu os utilizo separadamente. Na linha de outros autores (p. ex., Barrett, Mesquita, Ochsner, & Gross, 2007), sugiro que o termo *afeto* descreve a *experiência subjetiva* de um estado emocional que define a sua valência. Em seu cerne, o afeto é experienciado como positivo (agradável) ou negativo (desagradável) e, até certo ponto, nas formas de ativação ou quietude.

O afeto positivo geralmente tem curta duração, mas é revigorante e está associado à criatividade e ao pensamento divergente. Ele está intimamente associado à vitalidade e à felicidade. Em contrapartida, o afeto negativo com frequência reduz a energia de uma pessoa, associa-se a tendências de evitação e limita o seu potencial de resolução de problemas. Ele pode facilmente se transformar em um estado crônico e autossustentável.

Por sua vez, a emoção, como a definimos anteriormente, é um construto multidimensional que também inclui, à parte a experiência afetiva, tendências motivacionais e fatores contextuais e culturais. Assim, temos como resultado uma experiência complexa que pode ser regulada, até certo ponto, por meio de processos intrapessoais e interpessoais.

Já que os episódios emocionais são reações a algo, a avaliação cognitiva envolvida na transação entre pessoa e objeto é um elemento fundamental. Uma característica do afeto, de importância para nossa discussão, é a existência de diferenças individuais nas maneiras empregadas pelas pessoas para lidar com a informação emocional. Similares aos esquemas cognitivos, que formam pensamentos mal-adaptativos específicos ao superestimarem desfechos improváveis, mas perigosos, alguns modos de encarar a informação emocional (estilos afetivos) podem também ser mal-adaptativos se levam a um desconforto excessivo ou a problemas comportamentais (i.e., se o indivíduo experiencia mais desconforto ou interferência que a maioria das pessoas experimentaria em uma situação similar).

AFETO CENTRAL

À revelia de sua complexidade, os teóricos modernos das emoções tendem a concordar que qualquer afeto (i.e., qualquer experiência subjetiva de um estado emocional) inclui duas dimensões básicas: ativação *versus* desativação (ou simplesmente ativação) e prazer *versus* desprazer (conhecida também como a dimensão de valência). Esse modelo ficou conhecido como o *modelo circumplexo de afeto* (Posner, Russell, & Peterson, 2005; Russell, 1980; Colibazzi et al., 2010). As dimensões desse modelo também ficaram conhecidas como *afeto central* (p. ex., Russell, 2003; Russell & Barrett, 1999), visto que descrevem os sentimentos mais simples e elementares que servem de blocos construtivos para quaisquer outras experiências emocionais mais complexas.

Esse modelo descreve qualquer experiência emocional subjetiva em termos de valência e ativação. A dimensão da valência refere-se ao tom hedônico da experiência subjetiva da emoção, ao passo que a dimensão da ativação determina o grau de energia dispensada, que está associado a vigilância e responsividade fisiológicas. Alguns exemplos de adjetivos que descrevem experiências emocionais são dados pela Figura 1.1. (Uma versão mais recente e mais elaborada desse

FIGURA 1.1 Qualquer experiência emocional é um ponto neste espaço bidimensional. O eixo horizontal representa a dimensão da valência (agradável-desagradável), ao passo que o eixo vertical representa a dimensão da ativação de uma emoção. Foram adicionados adjetivos que descrevem emoções. Retirada de Colibazzi et al. (2010). (Copyright © 2010, American Psychological Association. Reimpressa com permissão.)

Emoção em terapia **13**

modelo é discutida em Yik, Russell, & Steiger, 2011.) Por exemplo, *empolgado* é um estado emocional agradável e ativado, ao passo que *relaxado* é um estado emocional agradável e desativado. Ao contrário, estar *entediado* é um estado desagradável e desativado, ao passo que estar *nervoso* é um estado desagradável e ativado.

O circumplexo valência-ativação é um dos modelos dimensionais de afeto mais abrangentes e empiricamente validados (para uma revisão, ver Russell & Barrett, 1999). Ainda, apesar de sua parcimônia, utilidade e robustez, o modelo pode ainda deixar de cobrir algumas diferenças individuais na experiência e nas representações do afeto (Feldman, 1995a, 1995b; Remington, Fabrigar, & Visser, 2000; Terracciano, McCrae, Hagemann, & Costa, 2003; Watson, Wiese, Vaidya, & Tellegen, 1999). Não obstante, ele fornece um modelo útil para simplificar e descrever a complexidade das experiências emocionais.

NA PRÁTICA: DISTINGUINDO ATIVAÇÃO DE PRAZER

Emoções são complexas, e a pergunta "Como você está se sentindo?" é difícil de responder. As respostas "bem" e "mal" são inespecíficas e indiferenciadas, mas fornecem uma categorização geral da experiência na dimensão da valência. Entretanto, necessita-se claramente de mais informação. O primeiro passo quando se está rastreando o desconforto emocional é se tornar consciente dos muitos tons da experiência emocional.

Acrescentar a dimensão ativação fornece informações adicionais significativas. Por exemplo, a depressão é um estado de desativação desagradável; estar relaxado é um estado de desativação agradável; medo é um estado de ativação desagradável; e sentir-se empolgado é um estado de ativação agradável. Qualquer experiência emocional corresponde a um ponto nesta *grade afetiva* (ver Figura 1.2).

Para que os clientes alcancem mais consciência de suas emoções, pode-se solicitar a eles que monitorem sua própria ativação e prazer. Por exemplo, por um período (p. ex., 2 semanas), um cliente pode ser orientado a marcar alguns pontos na grade da Figura 1.2 para indicar como ele está se sentindo em um momento específico, utilizando as duas dimensões básicas de ativação e prazer.

O terapeuta também pode pedir para o cliente registrar suas emoções utilizando essas dimensões nos mesmos horários todos os dias (p. ex., às 8; 14 e 17 horas). Esse tempo de avaliação pode ser atrelado a uma rotina em particular (p. ex., imediatamente antes que o cliente saia para trabalhar, depois do almoço, depois de chegar em casa, etc.). Inicialmente, o cliente não deve esperar que um evento importante surja (p. ex., uma discussão com a esposa), mas desenvolver um cronograma de avaliação regular para monitorar seu estado emocional.

A meta é criar um senso de sua vida emocional ao longo de um dia comum. A imagem resultante se torna um reflexo da vida emocional da pessoa durante um

> dia comum (considerando-se que não estejam ocorrendo eventos incomuns durante esse período). Esse exercício pode esclarecer se há um padrão específico das experiências emocionais do cliente. Se a vida emocional do cliente é relativamente estável (i.e., sem muitos altos e baixos e com ativação moderada), os pontos se concentrarão em volta do ponto zero (i.e., onde as duas dimensões se interseccionam). Mudanças regulares de humor resultarão em pontos concentrados em um dos quadrantes; do contrário, eles se distribuirão através do mapa. Esse exercício pode aumentar a consciência da experiência emocional do cliente e ajudá-lo a identificar padrões em mudanças sutis de humor ao longo de um dia, que, do contrário, poderiam passar despercebidas.
>
> Novamente, um padrão específico pode fornecer informações que são geralmente difíceis de identificar. Por exemplo, uma pessoa feliz pode colocar muitos pontos no lado direito (agradável) da grade, ao passo que pessoas deprimidas e ansiosas podem colocar muitos pontos no esquerdo (desagradável).

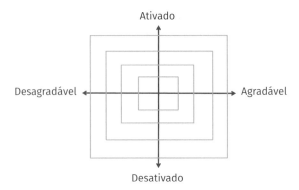

Instruções: Marque um ponto nesta grade para indicar o quão agradável (ou desagradável) e o quão ativada foi uma experiência emocional. Você pode utilizar a mesma grade para todas as experiências emocionais que teve dentro de um determinado período.

FIGURA 1.2 Grade afetiva que mostra as dimensões de ativação e desativação. Retirada de: *Emoção em terapia: da ciência à prática*, de Stefan G. Hofmann. (Copyright © 2016, The Guilford Press. Permissão para fotocopiar esta figura é concedida aos compradores deste livro para uso pessoal ou para uso com clientes individuais. Uma versão ampliada desta figura pode ser baixada na página do livro em loja.grupoa.com.br.)

AFETO POSITIVO *VERSUS* AFETO NEGATIVO

Os afetos positivo e negativo são reciprocamente inibitórios. O *modelo broaden-and-build* (p. ex., Fredrickson, 2000) considera que o afeto positivo enfraquece a influência do afeto negativo sobre a pessoa, ao mesmo tempo que amplia seu repertório comportamental, ao maximizar os recursos físicos, sociais e intelectuais. Por outro lado, o afeto positivo tem um efeito inibitório direto sobre os transtornos emocionais. Em essência, felicidade e alegria opõem-se diretamente aos transtornos emocionais, como a depressão, a ansiedade e os problemas de controle da raiva.

No entanto, a influência inibitória do afeto positivo é facilmente obscurecida pelo afeto negativo se este não puder ser regulado de maneira adaptativa. A desregulação do afeto negativo é a causa direta dos transtornos emocionais. Uma espiral de *feedback* positivo é estabelecida, indo da desordem à desregulação, passando do afeto negativo ao estilo afetivo e levando a uma condição crônica que passa a ser difícil de modificar. O Capítulo 2 apresenta uma discussão mais pormenorizada dos transtornos emocionais.

FUNÇÃO DAS EMOÇÕES

Como Darwin percebeu, as emoções têm uma função adaptativa de comunicação, tanto dentro das espécies quanto entre elas. As emoções estão intimamente ligadas ao sistema social do organismo, porque muitas experiências e expressões emocionais têm papéis importantes na comunicação social. Na verdade, pode-se argumentar que, sem as conexões sociais, emoções como vergonha, ciúme e embaraço não existiriam. Outras emoções podem aparecer fora do relacionamento social com os pares. Por exemplo, uma pessoa pode experienciar raiva em relação a membros de outra espécie (p. ex., um cão), objetos inanimados (p. ex., um carro que não dá partida) ou em relação a si mesmo, ou tristeza em virtude da perda de um objeto importante. Em muitos casos, é claro, as emoções não estão ligadas a um único contexto em particular.

Em muitos (mas não em todos) desses casos, a raiva tem uma função comunicativa (como no caso da raiva direcionada a outra pessoa ou a um cão). A raiva direcionada a um carro ou não é comunicativa, ou é uma forma desvirtuada de comunicação (porque o carro não pode ser um receptor na comunicação). Mayr (1974) distinguiu comportamentos direcionados a mundos animados de inanimados (comportamentos comunicativos *versus* não comunicativos). Dentro da categoria comunicativos, Mayr apontou diferenças entre comportamentos que são direcionados a membros da mesma espécie (comportamentos intraespecíficos) e comportamentos direcionados a membros de outras espécies (comportamentos interespecíficos). Problemas emocionais distintos ligam diferentes comportamentos do sistema de classificação de Mayr. Por exemplo, no caso dos transtornos de ansiedade, os medos de altura, de cobras e de situações sociais correspondem, respectivamente, a um comportamento não comunicativo,

comunicativo interespecífico e comunicativo intraespecífico. A função comunicativa das emoções também é chamada de *instrumental* quando serve a um propósito particular, com o fim de alcançar certo alvo (p. ex., Greenberg, 2011; Greenberg & Paivio, 1997). Por exemplo, as pessoas podem manifestar tristeza para desencadear empatia nos outros, ou podem manifestar raiva a fim de intimidar alguém.

Assim, as emoções podem ser vistas como mecanismos que evoluíram com uma função adaptativa, às vezes munidas de valor comunicativo. No geral, mecanismos psicológicos evolutivos são considerados conjuntos de processos que se desenvolveram em sua forma atual como resultado da resolução de problemas adaptativos específicos enfrentados por nossos ancestrais (Buss, 1999).

Uma solução adaptativa é aquela que aumenta a adequação inclusiva do indivíduo, o que significa dizer que seus genes têm uma chance maior de perpetuação nas gerações seguintes (Hamilton, 1964). Por exemplo, o medo protege a pessoa, evita ferimentos e promove a sobrevivência; a vergonha conduz ao remorso e a uma menor probabilidade de que o comportamento vergonhoso seja repetido no futuro (Plutchik, 1980).

As emoções e seu papel comunicativo parecem então ter funções importantes na promoção da sobrevivência dos genes e das espécies. Nos seres humanos, escutar e falar são atitudes acompanhadas e reguladas por expressões de emoções, como acenos, contato visual, sorrisos, mudanças de postura, vocalizações, e assim por diante (p. ex., Plutchik, 2000). Esses sinais comunicativos por meio de expressões emocionais podem ocorrer em nível consciente ou inconsciente. Podemos ler "por entre as linhas" e ficamos confusos ao receber "mensagens confusas" quando as palavras faladas são inconsistentes com as expressões emocionais.

Alguns teóricos das emoções consideram que o afeto positivo e o afeto negativo são opostos bipolares (Russell & Carroll, 1999), ao passo que outros (p. ex., Fredrickson, 2000) acreditam que o afeto positivo e o afeto negativo podem coexistir e servem a diferentes propósitos. Do ponto de vista clínico, fica evidente que alguém que não experimenta o afeto negativo não necessariamente experimenta o afeto positivo. De modo similar, a falta de afeto positivo não implica a presença de afeto negativo. Além do mais, uma pessoa pode experimentar tanto o afeto negativo quanto o afeto positivo ao mesmo tempo — alegria e medo (como ao andar em uma montanha-russa), êxtase e terror (enquanto salta de paraquedas), felicidade e tristeza (quando pensa em uma pessoa amada que faleceu há algum tempo).

Enquanto emoções com afeto de valência negativa (desagradável), como medo, raiva e tristeza, são associadas a um repertório comportamental limitado

Emoção em terapia **17**

em dada situação (p. ex., é mais comum que o medo se associe a comportamentos de fuga, já a raiva se encontra mais comumente associada a comportamentos agressivos), emoções com valência positiva, como alegria, interesse e contentamento, supostamente ampliam o repertório comportamental. Por exemplo, o medo é uma emoção comumente associada à fuga ou à evitação de um objeto ou situação em particular, ao passo que a raiva é comumente associada à agressão e ao contato. Os repertórios comportamentais dessas duas emoções incluem um grupo relativamente limitado de tendências comportamentais específicas focadas em situações ou objetos específicos (p. ex., correr de um predador específico ou correr em direção a um inimigo em particular). Ao contrário, emoções positivas, como alegria, interesse e contentamento, incluem comumente uma multiplicidade de tendências comportamentais não específicas e relacionadas ao contato associadas a várias experiências sensoriais. Por exemplo, a alegria que uma pessoa experimenta após atingir o pico de uma montanha inclui sons, cheiros e visões do entorno, sorrisos de seus companheiros, e assim por diante.

NATURE VERSUS NURTURE

A distinção *nature* (natureza) *versus nurture* (criação) é um assunto importante na pesquisa sobre emoções. Alguns autores contemporâneos rejeitam a noção de que existem emoções básicas e biologicamente programadas (p. ex., Barrett, Mesquita, Ochsner, & Gross, 2007). Em vez disso, uma experiência emocional é conceitualizada como um fenômeno transitório e dependente de contexto, que resulta de um estado afetivo — com algum grau de ativação, que é experienciado como agradável ou desagradável (referidos anteriormente como *afeto central*; p. ex., Barrett et al., 2007; Russell, 2003) — e da associação entre esse estado e o conhecimento da pessoa sobre sua experiência emocional. Portanto, *afeto central* não é sinônimo de emoção; afeto central é um aspecto do construto mais complexo que é a emoção; como ficou definido anteriormente. Fatores contextuais e culturais são determinantes importantes da experiência de uma emoção. Por exemplo, se uma pessoa se depara com uma cascavel enquanto caminha, ela experienciará um afeto desagradável, que pode ser categorizado e rotulado como *medo*, a depender de seu conhecimento de cobras venenosas. É claro, esse modelo contrasta com a conceitualização biológica e darwiniana das emoções, que entende o avistamento da cobra como um estímulo capaz de disparar uma resposta inata de medo (p. ex., Poulton & Menzies, 2002). As contribuições relativas da biologia (e da "natureza") *versus* as contribuições da cultura (e da "criação") são um assunto ainda debatido na literatura contemporânea acerca das emoções. Para o fim de nossa discussão, a emoção é considerada, como já definido, um construto multidimensional e de base biológica que é moldado por fatores contextuais e culturais e que pode ser regulado, até certo ponto, via processos intrapessoais e interpessoais. Assim, essa conceituação reconhece tanto os aspectos da "natureza" quanto da "criação", com foco particular nos fatores sociais e cognitivos que modulam a experiência e a expressão das emoções.

METAEXPERIÊNCIA DAS EMOÇÕES

As pessoas não somente são capazes de sentir emoções, como medo, raiva, tristeza ou alegria, mas também de sentir emoções sobre emoções. Essa metaexperiência é um foco básico de um tratamento psicodinamicamente orientado que ficou conhecido como terapia focada nas emoções (TFE; Greenberg, 2011). Especificamente, a TFE distingue *emoções primárias* de *emoções secundárias* e classifica certas emoções como *emoções instrumentais*. Todas essas formas de emoções podem ser *adaptativas* (i.e., emoções no geral aceitáveis, que não causam problemas duradouros) ou *mal-adaptativas* (i.e., emoções que levam a problemas psicológicos ou interpessoais persistentes). *Emoções instrumentais* são emoções (ou, mais precisamente, comportamentos associados a emoções) que servem a uma função particular. Por exemplo, uma criança pode chorar para manipular outras pessoas e induzi-las a confortá-la, escapando, assim, da punição. *Emoções primárias* são as respostas mais fundamentais a certo evento ou situação. Emoções primárias adaptativas preparam o indivíduo para uma resposta adaptativa e normalmente cedem quando a situação muda ou quando as necessidades básicas são satisfeitas. Em contrapartida, emoções primárias mal-adaptativas com frequência são atreladas a experiências traumáticas antigas e costumam não ceder tão rapidamente. *Emoções secundárias* são respostas a emoções primárias ou a cognições, e não à situação ou ao evento desencadeante. Por exemplo, um término com o namorado pode gerar tristeza (a emoção primária), e a namorada enlutada também pode experienciar raiva em relação à própria tristeza (a emoção secundária). Emoções secundárias podem servir a uma função defensiva (p. ex., ficar bravo pode proteger da experiência de uma tristeza mais vulnerável). Além disso, emoções secundárias podem ser ativadas em resposta a pensamentos, como quando as pessoas se sentem ansiosas em resposta a preocupações ou envergonhadas em resposta a fantasias violentas.

Essas percepções e avaliações de experiências emocionais foram descritas como *metaexperiências das emoções* (Mayer & Gaschke, 1988). Dito de outra forma, uma pessoa pode perceber uma emoção como problemática ou aversiva, o que, por sua vez, pode influenciar a maneira como ela regula seus estados

Emoção em terapia **19**

emocionais. Perceber uma emoção como problemática também pode causar confusão sobre o estado emocional das pessoas e levá-las a fazer uso de estratégias de evitação para lidar com a experiência emocional confusa.

Um exemplo didático é o de um marido divorciado (Charlie) que se sente aliviado por ter terminado o casamento, mas também muita raiva em relação ao amor que sente por sua esposa que partiu. Charlie e sua esposa se divorciaram porque ambos perceberam que o relacionamento estava em frangalhos, para além de qualquer remendo, depois de muitas brigas dolorosas e casos extraconjugais. Embora esteja claro que não há futuro possível para o relacionamento do casal, Charlie ainda ama sua ex-esposa. Ao mesmo tempo, ele deseja seguir em frente e voltar a namorar outras mulheres. Contudo, amar sua ex-esposa dificulta a satisfação desse desejo. Como resultado, Charlie sente raiva por amar sua ex-esposa — uma emoção (raiva) sobre outra (incongruente) emoção (amor) —, o que pode levar a muita confusão emocional, podendo, inclusive, impedi-lo de viver uma vida feliz com outra pessoa.

Casos mais complexos podem incluir a tristeza que emerge quando experienciamos amor por outra pessoa, ou um sentimento misto de medo e culpa experienciado pela vítima de estupro ao se lembrar do horror do ocorrido. Experiências emocionais assim tão confusas muitas vezes deixam a pessoa perdida.

NA PRÁTICA: TOMANDO CONSCIÊNCIA DAS METAEXPERIÊNCIAS EMOCIONAIS

Um fenômeno que se relaciona à metaemoção é a metacognição: pensamentos sobre pensamentos. Por exemplo, pessoas que se preocupam excessivamente sobre o futuro ou sobre assuntos menos relevantes podem não só experienciar ansiedade elevada e crônica, como também ter certas crenças sobre suas preocupações (p. ex., "preocupar-me vai me manter seguro"). Outras crenças podem até tomar a forma de preocupações sobre preocupações ("ficarei louco se me preocupar demais"). Na terapia, monitorar as emoções dos clientes sobre emoções (metaemoções) e pensamentos sobre pensamentos pode auxiliar a identificar padrões responsáveis pela manutenção de seu problema.

A Figura 1.3 é uma ferramenta simples que os clientes podem utilizar para monitorar a relação entre a cadeia de pensamentos e sentimentos específicos em dois níveis, para a identificação de esquemas abrangentes. Essa ferramenta pode ser utilizada durante a sessão e como uma tarefa terapêutica para os clientes. Ao usar a tabela, deve-se solicitar ao cliente que primeiro anote seu pensamento (p. ex., "Irei me machucar") sobre uma situação em particular (p. ex., *bungee jumping*), seu sentimento sobre esse pensamento inicial (p. ex., medo), o pensamento de segundo nível sobre esse sentimento (p. ex., "Sou um covarde") e o sentimento de segundo nível sobre esse pensamento de segundo nível (p. ex., "Estou envergonhado").

Instruções: Descreva a situação inicial (p. ex., *bungee jumping*), o pensamento que vem à sua mente (p. ex., "Irei me machucar") e o sentimento associado a esse pensamento (p. ex., "medo"). Em seguida, examine o pensamento de segundo nível que vem à sua mente quando você tem esse sentimento. Por exemplo, você pode pensar "Sou um covarde", porque sentirá medo. Em seguida, examine o sentimento associado a esse pensamento (p. ex., "vergonha").

Situação (p. ex., *bungee jumping*)	**1º pensamento sobre a situação** (p. ex., "Irei me machucar")	**1º sentimento sobre o 1º pensamento** (p. ex., medo)	**2º pensamento sobre o 1º sentimento** (p. ex., "Sou um covarde")	**2º sentimento sobre o 2º pensamento** (p. ex., vergonha)

FIGURA 1.3 Monitorando pensamentos e emoções de primeiro e segundo níveis.
De: Emoção em terapia: da ciência à prática, de Stefan G. Hofmann. (Copyright © 2016, The Guilford Press. Permissão para fotocopiar esta figura é concedida aos compradores deste livro para uso pessoal ou para uso com clientes individuais. Uma versão ampliada desta figura pode ser baixada na página do livro em loja.grupoa.com.br)

Emoção em terapia

RESUMO DE PONTOS CLINICAMENTE RELEVANTES

- Uma emoção é (1) uma experiência multidimensional que (2) se caracteriza por diferentes níveis de ativação e por graus de prazer-desprazer; (3) associada a experiências subjetivas, sensações somáticas e tendências motivacionais; (4) marcada por fatores contextuais e culturais; e que (5) pode ser regulada, até certo ponto, por meio de processos intrapessoais e interpessoais.

- O modelo circumplexo de afeto é uma ferramenta para classificar experiências emocionais baseada em duas dimensões centrais do afeto: ativação-desativação e prazer-desprazer.

- A fim de aperfeiçoar a consciência emocional, pode-se instruir os clientes a monitorarem seus estados emocionais utilizando uma grade afetiva em determinados momentos do dia e depois de eventos importantes.

- Uma vez que os clientes tenham se tornado mais conscientes da natureza de suas emoções, pode-se pedir a eles que rotulem uma experiência emocional utilizando adjetivos emocionais comuns. Emoções puras raramente existem. Misturas de diferentes emoções são muito mais comuns.

- Algumas emoções têm uma função comunicativa importante na medida em que fornecem pistas sobre um estado interno. As pessoas diferem em sua habilidade ou disposição de sinalizar e ler emoções nas outras pessoas.

- A fim de ganhar mais clareza sobre seus estados emocionais, pode-se instruir os clientes que explorem não só seus pensamentos e sentimentos sobre eventos ou gatilhos específicos, mas também seus pensamentos e sentimentos sobre seus sentimentos iniciais/primários. Comportamentos e sintomas fisiológicos podem preceder e causar emoções, e emoções também podem preceder e causar comportamentos e sintomas fisiológicos.

2

Diferenças individuais

As pessoas são muito diferentes umas das outras. Algumas são altas; outras são baixas. Algumas são maiores e sofrem com seu peso, ao passo que outras são magras e capazes de manter um peso estável ao longo de sua vida adulta. As pessoas também são diferentes quanto à inteligência, ao temperamento e à personalidade. Estariam alguns desses traços ligados às emoções? As pessoas diferem em suas respostas emocionais a uma mesma situação? Se sim, por quê? Existem estratégias específicas que as pessoas podem utilizar para lidar com suas emoções? Algumas dessas estratégias estão ligadas a transtornos emocionais?

Este capítulo procura fornecer algumas respostas a essas difíceis questões. Discuto os diferentes fatores biológicos e psicológicos que contribuem com essas diferenças individuais. Alguns fatores são de mais fácil acesso do que outros. (No Apêndice I, encontra-se uma porção de instrumentos, comuns e breves, de autorrelato para acessar algumas dessas variáveis diferenciais.) Integro os vários fatores em um modelo diátese-estresse de transtornos emocionais ao fim deste capítulo.

NÍVEIS DE DIFERENÇAS INDIVIDUAIS

Como definido no Capítulo 1, uma emoção é uma experiência multidimensional que é caracterizada por diferentes níveis de ativação e graus de prazer-desprazer (algumas pessoas experienciam maior ativação e prazer ao mesmo estímulo do que outras) e está associada a experiências subjetivas (algumas pessoas responderão a uma mesma situação com um tipo de afeto qualitativamente diferente das outras), sensações somáticas e tendências motivacionais (indivíduos diferentes terão motivos diferentes), além de ser marcada por fatores contextuais e culturais (culturas diferentes moldam experiências afetivas de maneiras particulares). Como já mencionado, uma emoção pode ser regulada, até certo ponto, por meio de processos intrapessoais e interpessoais.

Tradicionalmente, pesquisadores das emoções focaram nas características gerais das emoções que são comuns a todas as pessoas e que são encontradas até mesmo em diferentes espécies. Outros pesquisadores examinaram diferenças individuais na experiência das emoções (Feldman, 1995a, 1995b; Remington et al., 2000; Terracciano et al., 2003; Watson et al., 1999; Winter & Kuiper, 1997).

Reconhecer e entender essas diferenças é essencial para traduzir descobertas de pesquisa da literatura acerca das emoções para a prática clínica. Neste capítulo, reviso o papel do ambiente e da diátese da pessoa no desenvolvimento e na manutenção dos transtornos emocionais. Um elemento central do modelo que apresento é o estilo afetivo da pessoa, que pode levar à predominância do afeto negativo, à deficiência do afeto positivo e a estratégias mal-adaptativas para lidar com o afeto negativo, o que favorece eventualmente os transtornos emocionais.

PANO DE FUNDO CULTURAL

É importante levar em consideração o pano de fundo e cada pessoa nessa discussão. Orientação sexual, cultura, *status* socioeconômico e educacional, história de trauma, deficiências físicas, entre outros são fatores importantes que determinam o pano de fundo de cada pessoa. É impossível fornecer uma discussão equilibrada e profunda de todos esses fatores dentro das fronteiras deste livro. Em vez disso, foco brevemente em apenas um desses fatores: a influência da cultura nas emoções.

O bem-estar emocional é fortemente influenciado por fatores culturais (Hofstede, 1984). A cultura é um importante contexto que modula as diferenças individuais nas experiências emocionais. Um aspecto importante em que as culturas diferem entre si é o individualismo e o coletivismo. O coletivismo descreve a relação entre membros de organizações sociais que enfatiza a interdependência de seus membros. Em culturas coletivistas, a harmonia dentro do grupo é a grande prioridade, e o ganho individual é tido como menos importante do que o progresso mais amplo do grupo social. Em contrapartida, nas sociedades individualistas, as conquistas e o sucesso individuais recebem mais recompensas e admiração social. Mostrou-se que os contatos sociais servem a diferentes propósitos em culturas individualistas *versus* coletivistas (Lucas, Diener, & Grob, 2000). Em culturas individualistas, sentimentos e pensamentos individuais determinam mais diretamente o comportamento. Em culturas coletivistas, as normas e os papéis sociais têm impacto considerável sobre o comportamento. Portanto, o senso subjetivo de bem-estar e felicidade também é mais dependente do contato social em sociedades coletivistas do que naquelas individualistas. A autoestima se mostrou mais correlacionada com a satisfação de vida em culturas individualistas do que naquelas coletivistas (Diener & Diener, 1995).

Há também diferenças culturais na associação entre congruência (i.e., agir consistentemente em diferentes situações e com base em si mesmo) e satisfação de vida. Na Coreia do Sul, por exemplo, a congruência é bem menos importante do que nos Estados Unidos. Além do mais, as pessoas em culturas coletivistas se respaldam mais frequentemente nas normas sociais para decidir se devem ou não ficar satisfeitas e consideram mais as avaliações sociais de família e amigos no processo de análise de suas vidas (Suh, Diener, Oishi, & Triandis, 1998). Pessoas em culturas coletivistas, comparadas com sociedades individualistas, têm maior chance de permanecer em casamentos e empregos nos quais estão infelizes possivelmente porque elas tentam se conformar às normas sociais, e talvez porque pessoas em casamentos e empregos conturbados tendem a receber mais apoio dos outros (Diener, 2000). As pessoas diferem em seu pano de fundo cultural e em sua criação, especialmente aquelas que vivem em sociedades multiculturais, como os Estados Unidos. Apesar das diferenças entre as culturas (bem como vários outros fatores), há muitas influências típicas que determinam as diferenças individuais nas experiências emocionais. Isso inclui vulnerabilidades psicológicas e biológicas, que agrupo sob o termo mais geral de *diátese*.

DIÁTESE

Temperamento

Uma diátese geral, que varia com as diferenças individuais na regulação emocional, é o *temperamento*, que se refere ao caráter ou aos traços gerais da pessoa. O temperamento mais amplamente estudado é a timidez. Estudos longitudinais em crianças demonstraram que a resposta de uma pessoa a situações inéditas ou ao estresse social é notavelmente consistente ao longo dos anos, começando na infância e continuando até à vida adulta (para uma revisão, ver Kagan &

Snidman, 2004). Além do mais, adultos que foram classificados como tímidos no segundo ano de vida mostraram uma maior ativação da amígdala (a estrutura cerebral envolvida com o medo) diante de rostos novos *versus* familiares em comparação com aqueles previamente categorizados como não tímidos (Schwartz, Wright, Shin, Kagan, & Rauch, 2003).

Os resultados mostram que alguns aspectos temperamentais são determinados em grande medida por fatores genéticos e que eles são notavelmente consistentes ao longo da vida de uma pessoa. Esses dados também são consistentes com a noção de que as pessoas não muito tímidas têm maior capacidade de modular seu tom hedônico em uma direção mais positiva com mais eficácia do que aquelas tímidas.

Granulosidade emocional

Diferenças individuais já existem em nível afetivo. A fim de explicar as diferenças individuais segundo o modelo circumplexo de valência-ativação, Feldman Barrett (Barrett, 2004; Feldman, 1995a, 1995b) introduziu o conceito de *granulosidade emocional*. Granulosidade emocional se refere à habilidade de distinguir entre estados emocionais, sendo um mecanismo pelo qual informações sobre valência e ativação são incorporadas em representações de emoções (Barrett, 2004). Indivíduos com alta granulosidade representam seus estados emocionais com alta especificidade (i.e., a pessoa é capaz de distinguir entre estados emocionais parecidos, como raiva e aborrecimento), ao passo que indivíduos com baixa granulosidade representam seus estados emocionais em termos mais globais (i.e., todos os estados emocionais com valência negativa são representados por "sentindo-se mal").

A granulosidade emocional pode ser focada na ativação, focada na valência ou focada em ambas. *Foco na ativação* se refere à quantidade de informação sobre ativação ou intensidade (i.e., ativação e desativação) que está contida nas representações de uma emoção, ao passo que *foco na valência* se refere ao grau em que a informação sobre a valência (i.e., prazer e desprazer) está contida nas representações de emoções. Indivíduos com grande foco tanto na ativação quanto na valência incorporam informação sobre o prazer e a ativação de sua experiência em seus relatos verbais sobre emoções. Indivíduos assim são mais capazes de distinguir entre estados emocionais do que outros.

Embora a granulosidade emocional seja altamente relevante para os transtornos mentais, há pouca pesquisa a seu respeito em populações clínicas. Estudos descobriram que clientes com esquizofrenia (Kring, Barrett, & Gard, 2003) e transtorno da personalidade *borderline* (Suvak et al., 2001) focaram mais na valência e menos na ativação do que pessoas típicas em suas representações mentais de afeto, indicando maior desorganização em suas representações de emoções nos grupos clínicos.

Alexitimia

O conceito de *alexitimia* nasceu da literatura psicodinâmica e psicossomática e tem sido definido como a dificuldade em identificar e descrever sentimentos subjetivos; dificuldade em distinguir sentimentos de sensações corporais de ativação fisiológica; capacidades limitadas de imaginação, como evidenciadas pela escassez de fantasias; e um estilo cognitivo orientado para o exterior (Nemiah, Freyberger, & Sifneos, 1976). Mais recentemente, tem sido definido como déficits no processamento cognitivo e na regulação das emoções (Taylor, Bagby, & Parkker, 1997).

As pessoas com graus altos de alexitimia são consideradas limitadas em sua habilidade de refletir sobre suas emoções e regulá-las e de comunicar verbalmente desconfortos emocionais a outras pessoas, falhando, assim, em encontrar nos outros fontes de apoio ou conforto. Elas têm dificuldades para identificar e descrever emoções, minimizam experiências emocionais e tendem a focar sua atenção no exterior. Além disso, considera-se que tenham capacidades de imaginação que limitam sua capacidade de modular emoções por meio da fantasia, dos sonhos, dos interesses e do jogo.

Aparentemente, a alexitimia se associa a estilos mal-adaptativos de regulação emocional, como o comer compulsivo ou o desenvolvimento de dor de cabeça, e negativamente a comportamentos adaptativos, como pensar sobre sentimentos desconfortáveis e tentar entendê-los ou falar com alguém que se importe (Taylor et al., 1997). Muitas das habilidades cognitivas requeridas para monitorar efetivamente e autorregular emoções estão abarcadas pelo construto de inteligência emocional.

Clareza emocional

A contrapartida da alexitimia é a clareza emocional, que se refere à consciência e à compreensão que a pessoa tem de suas próprias emoções e experiências emocionais, bem como à habilidade de rotulá-las corretamente (Gohm & Clore, 2000). Altos níveis de clareza emocional foram ligados ao enfrentamento adaptativo e ao bem-estar positivo (Gohm & Clore, 2000), ao passo que a falta de clareza emocional prediz respostas interpessoais mal-adaptativas ao estresse e aos sintomas depressivos na juventude (Flynn & Rudolph, 2010).

Mostrou-se, posteriormente, que encorajar clientes a rotularem suas emoções traz efeitos benéficos para o tratamento. Um exemplo é o estudo de Kircanski, Lieberman e Craske (2012). Os autores colocaram clientes em contato com uma aranha repetidas vezes. Como foram instruídos, alguns deles deveriam rotular suas emoções, outros deveriam reavaliar a situação, um terceiro grupo foi instruído a se distrair, e um quarto grupo não recebeu instruções específicas durante o breve tratamento de exposição. Uma semana depois, todos os clientes foram testados novamente em um contexto diferente e expostos a uma aranha diferente. O grupo de rotulação de afeto exibiu maior redução da resposta de condução da pele em comparação com os outros grupos e teve uma tendência marginalmente maior de se aproximar da aranha do que o grupo de distração. Além do mais, quanto mais os clientes fizeram uso de palavras de ansiedade e medo durante a exposição, maior foram as reduções da resposta ao medo.

Entretanto, como já discutido no Capítulo 1, emoções, especialmente na prática clínica, raramente aparecem em estado puro, e tendem a mudar com o tempo. Por exemplo, nossa resposta à morte de um parente pode passar de uma tristeza e solidão avassaladoras para culpa causada pela raiva e ressentimento de ter sido deixado. Emoções mudam tanto em intensidade quanto em qualidade (p. ex., a tristeza lentamente se torna menos intensa e é substituída por outras emoções), e algumas emoções podem causar outras emoções (p. ex., culpa por sentir raiva da pessoa falecida, ou um afeto positivo, como alívio). Algumas pessoas que experienciam, por exemplo, alívio diante da morte de uma pessoa amada podem experienciar desconforto psicológico por causa dessa emoção (o que poderia resultar em um luto complicado em alguns casos).

Em poucas palavras, como também observado no Capítulo 1, emoções são "confusas" porque experiências emocionais comumente consistem em misturas de uma variedade de diferentes, e às vezes contraditórias, emoções (p. ex., sentir-se feliz, triste e orgulhoso quando um filho sai de casa para começar a faculdade). Semelhante a uma pintura, uma experiência emocional consiste em muitas cores e tonalidades diferentes, em diferentes intensidades; em outros momentos, consiste em cores opostas. Assim também uma experiência afetiva pode consistir em emoções de valência parecida que diferem quanto à ativação; e, em outras, a experiência pode abranger emoções com valências aparentemente contraditórias (i.e., às vezes, uma experiência emocional pode incluir tanto um afeto agradável quanto desagradável).

NA PRÁTICA: ESCLARECENDO AS EMOÇÕES

A fim de compreender melhor os tipos de emoções que um cliente experiencia, pode ser útil instruir o cliente a rotulá-las utilizando um gráfico de *pizza*. A *pizza* inteira reflete o todo da experiência emocional; os vários pedaços são componentes que constituem a experiência em dado momento.

Imagine a experiência emocional de uma esposa cujo marido querido, Bob, faleceu depois de 20 anos de casamento. Como se passa com qualquer casamento, alguns aspectos foram bons, outros nem tanto. A tristeza e a solidão claramente são as emoções mais socialmente aceitas associadas à morte de seu marido. Mas até uma esposa amorosa pode ter sentimentos positivos associados a seu novo estado de liberdade. Embora ela tenha amado Bob, alguns dos comportamentos dele podem ter tido consequências negativas em sua vida. Ela sempre quis praticar seu *hobby* de pintura, mas Bob não a apoiava. Agora, ela tem a oportunidade de pintar e de se tornar artista. Ao mesmo tempo, ela também é uma católica devota, preparada para suportar um longo período de luto pela morte de seu marido. Sua empolgação diante da perspectiva de poder ir atrás de sua paixão pode, por sua vez, suscitar sentimentos de culpa e de vergonha, ou até mesmo de depressão e de ódio contra si mesma. O gráfico de *pizza* rotulando o que sente (ver Figura 2.1) pode esclarecer seus sentimentos conflitantes em relação à morte de Bob.

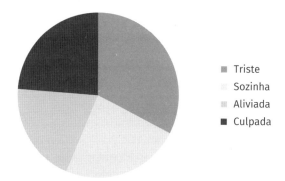

FIGURA 2.1 Sentimentos da cliente em relação à morte de Bob.

Inteligência emocional

O termo *inteligência emocional* inclui a habilidade de identificar e rotular seus próprios estados emocionais e os dos outros, de expressar precisamente emoções, de fornecer respostas empáticas a outras pessoas e de refletir sobre emoções, utilizando-as de maneiras adaptativas. Falando mais genericamente, inteligência emocional inclui habilidades dentro das três categorias de habilidades adaptativas a seguir: (1) avaliação e expressão de emoções, (2) regulação de emoções e (3) utilização de emoções para a resolução de problemas (Mayer & Salovey, 1997; Salovey & Mayer, 1990). Em outras palavras, uma pessoa com grande inteligência emocional é capaz de acessar e interpretar rápida e precisamente uma emoção, consegue regular sua própria emoção de modo eficaz e pode utilizar emoções como uma maneira de resolução de problemas. A habilidade de avaliar e expressar uma emoção envolve as percepções verbal e não verbal de emoções e a empatia; ainda, a utilização das emoções requer a habilidade de planejar com flexibilidade, de pensar com criatividade e de redirecionar a atenção e a motivação (Salovey & Mayer, 1990).

Em uma reformulação mais recente da definição de inteligência emocional, dá-se mais ênfase aos componentes cognitivos, que fornecem o potencial para o crescimento intelectual e emocional (Mayer & Salovey, 1997). Essa conceituação revisada distingue quatro componentes ou ramos: (1) percepção; (2) avaliação e expressão da emoção; (3) facilitação emocional do pensamento, compreensão, análise e emprego do conhecimento emocional; e (4) regulação ponderada de emoções para crescimento emocional e intelectual posterior. Cada ramo está associado a níveis específicos de habilidades, que os indivíduos dominam em ordem sequencial. Em conformidade, os componentes percepção, avaliação e expressão da emoção são vistos como os mais básicos, ao passo que a habilidade de regular ponderadamente emoções é considerada o processo mais complexo.

A noção de que a inteligência emocional requer um número de habilidades cognitivas, sociais e de comunicação específicas para compreender e expressar emoções é compartilhada por outros pesquisadores (Cooper & Sawaf, 1997; Goleman, 1995). Algumas dessas habilidades incluem instrução emocional, adequação emocional, profundidade emocional e "alquimia emocional" (Cooper & Sawaf, 1997). A instrução emocional inclui o conhecimento das próprias emoções e de como elas funcionam; a adequação emocional inclui a rigidez e a flexibilidade emocional; a profundidade emocional envolve a intensidade emocional e o potencial para o crescimento; e a "alquimia emocional" inclui a habilidade de utilizar as emoções para estimular a criatividade.

Tolerância ao desconforto

O grau de tolerância ao afeto negativo é a chave para se entender as diferenças individuais nas emoções. Tolerância ao desconforto é a habilidade de experimentar estados internos desagradáveis sem ser dominado ou inutilizado por eles. Essa habilidade está associada a várias formas de psicopatologia (Leyro,

Zvolensky, & Bernstein, 2010). Pessoas que são incapazes de tolerar desconforto são mais propensas a fazer uso de evitação emocional e de estratégias de supressão para regular o afeto negativo. Em contrapartida, indivíduos com alta tolerância ao desconforto estão mais dispostos a experimentar um alto nível de afeto negativo sem empregar quaisquer estratégias de evitação. Exercícios de *mindfulness*, que encorajam a pessoa a experimentar o aqui e agora de uma maneira aberta, curiosa e sem julgamentos, parecem ser eficazes para regular desconfortos, pois fortalecem a tolerância de uma pessoa ao desconforto causado pelo afeto negativo (Bullis, Boe, Asnaani, Hofmann, 2014; Feldman, Dunn, Stemke, Bell, & Greeson, 2014). Esses exercícios são discutidos com mais detalhes no Capítulo 7, junto a práticas simples de relaxamento que podem ser eficazes para diminuir a ativação emocional.

ESTILOS AFETIVOS

O termo *estilo afetivo* se refere à diferença interindividual no uso habitual de estratégias para lidar com informação emocional. Estilos afetivos distintos (ou estratégias de enfrentamento) podem ser identificados.

Enfrentamento focado no problema *versus* enfrentamento focado na emoção

Estratégias de enfrentamento podem ser genericamente classificadas como focadas no problema ou focadas na emoção. O enfrentamento focado no problema parece ser mais apropriado para o tipo de estresse controlável (como aquele que vem por se ter aceitado muitos convites para escrever artigos acadêmicos), ao passo que o enfrentamento focado na emoção parece ser mais apropriado para o tipo de estresse que é percebido como incontrolável (como aquele que vem da exposição a um assalto ou desastre natural) (Compas, Malcarne, & Fondacaro, 1988; Folkman & Moskowitz, 2004; Lazarus & Folkman, 1984; Vitaliano, DeWolfe, Mairuro, Russo, & Katon, 1990).

Um exemplo simples de enfrentamento focado no problema *versus* focado na emoção é o caso de Mary e Scott. Mary está casada com Scott há 10 anos. Eles têm um relacionamento bom no geral, mas Scott não é muito útil em casa. Isso às vezes chateia Mary. Para completar, Scott se incomoda com o ronco de Mary, que frequentemente o mantém acordado durante a noite. Como resultado, ele desenvolveu um grau elevado de raiva em relação a ela. Exemplos simples de estratégias de enfrentamento focadas no problema e na emoção estão listados na Figura 2.2.

Problema	Enfrentamento focado no problema: direcionado para a redução ou a eliminação do problema.	Enfrentamento focado na emoção: direcionado para a mudança da resposta emocional da pessoa em relação ao problema.
Mary está incomodada com a desorganização de Scott.	Criar um quadro de horários e tarefas de limpeza para Scott.	Discutir seus sentimentos com Scott para se acalmar.
	Contratar uma diarista para arrumar a casa regularmente.	Falar com um amigo ou profissional sobre seus sentimentos.
Scott está com raiva do ronco de Mary.	Levar Mary para um médico que trate seu ronco.	Discutir seus sentimentos com Mary para reduzir sua raiva.
	Dormir em outro quarto ou usar tampões de ouvido.	Falar com um amigo ou profissional sobre sua raiva.

FIGURA 2.2 Exemplos de estratégias de enfrentamento focadas no problema *versus* na emoção.

Estilos de enfrentamento focado na emoção

Dada a mesma situação, alguns estilos afetivos têm mais chance de favorecer o afeto positivo, ao passo que outros têm mais chance de favorecer o afeto negativo. Estilos afetivos determinam as abordagens gerais das pessoas no enfrentamento de seu mundo emocional, de modo similar com alguns esquemas cognitivos que determinam as estimativas da probabilidade de desfechos catastróficos. Davidson e Begley (2012) propuseram recentemente a existência de seis dimensões ou contínuos de estilo emocional e consideram que a combinação das posições de uma pessoa em todas as dimensões resulta em seu estilo emocional geral. O primeiro estilo é o *estilo de resiliência*. Esse estilo se refere a quão rápida ou lentamente uma pessoa se recupera da adversidade. Algumas pessoas demoram muito para se recuperar, ao passo que outras são capazes de se recuperar muito rapidamente. O segundo estilo é o *estilo panorâmico*. Ele se refere a quanto tempo o afeto positivo persiste e está associado à propensão de enxergar o mundo sob uma luz positiva ou negativa. O terceiro estilo é o *estilo de intuição social*. Ele se refere a quão precisamente a pessoa é capaz de decodificar os sinais não verbais das emoções dos outros. O quarto estilo é o *estilo de*

Emoção em terapia   **33**

autoconsciência. Esse estilo se refere à precisão com que uma pessoa decodifica as pistas internas das emoções em seu corpo, como a frequência cardíaca e a tensão muscular. Algumas pessoas estão sensivelmente conscientes de seus próprios estados internos, ao passo que outras não estão. A quinta dimensão é o *estilo de contexto*, que se refere à sensibilidade ao contexto. Algumas pessoas são melhores e outras são piores em modular suas respostas emocionais por meios apropriados ao contexto. Por fim, a sexta dimensão é o *estilo de atenção*, que reflete a maior capacidade de algumas pessoas de focarem em tarefas particulares e de serem resistentes a estímulos emocionais que as distrairiam da tarefa em questão. Esses estilos emocionais estão implícitos em muitos dos construtos e temas tratados neste livro.

Quando limita o uso do termo *estilo* à regulação emocional (em vez de usá-lo para a emoção no geral), a literatura consistentemente identifica supressão e outras estratégias que visam a ocultar e a evitar as emoções depois que elas emergem (estilo de *ocultação*). Outras pessoas são mais capazes de acessar e utilizar informações emocionais de maneiras adaptativas na direção da resolução de problemas e são mais capazes de modular a experiência e a expressão emocionais de acordo com as demandas contextuais (Mennin, Heimberg, Turk, & Fresco, 2005; Hofmann, Sawyer, Fang, & Asnaani, 2012). Esses indivíduos têm as ferramentas para reajustar ou balancear emoções de modo a navegar com sucesso pelas recompensas e punições da vida cotidiana (estilo de *acomodação*). Finalmente, um terceiro estilo reflete o conforto e a não rejeição em resposta a experiências emocionais ativadoras como se apresentam no momento presente. Esse estilo, que inclui estratégias de *mindfulness* e aceitação, permite a tolerância a emoções intensas (estilo de *tolerância*; ver Hofmann et al., 2012).

Flexibilidade emocional

Flexibilidade emocional é a habilidade de ajustar as próprias estratégias de regulação emocional às demandas de determinada situação a fim de cumprir ou enfrentar de maneira eficaz essas demandas (Aldao, 2013; Bonnano & Burton, 2013; Bonnano, Papa, O'Neil, Westphal, & Coifman, 2004; Cheng, 2001; Consedine, Magai, & Bonnano, 2002; Kashdan & Rottenberg, 2010; Sheppes et al., 2014). Pessoas com essa habilidade se ajustam com flexibilidade a um desafio ou suprimindo ou melhorando sua experiência emocional (p. ex., suprimindo a intensidade da ativação do afeto ou melhorando a valência do afeto associado a uma emoção). A flexibilidade emocional está intimamente associada ao termo mais genérico *flexibilidade psicológica*, que é a habilidade de se adaptar a uma variedade de demandas situacionais trocando de *mind-set* ou de comportamento (Kashdan & Rottenberg, 2010). De modo similar, considerou-se que é a flexibilidade de enfrentamento, e não o uso de alguma estratégia específica de enfrentamento *per se*, que prediz com mais acerto a adaptação bem-sucedida a situações desafiadoras.

Demonstrou-se que as pessoas diferem em sua tendência a utilizar estratégias de enfrentamento específicas para vários eventos estressantes reais por um período de três meses e em *settings* laboratoriais (Cheng, 2001). Aproximadamente 30% dos participantes mostraram um grau considerável de variabilidade em sua designação de estressores como desejáveis e em sua percepção dos estressores como controláveis, tendo também mostrado variabilidade em seu emprego de estratégias de enfrentamento focadas no problema ou focadas na emoção. Esses indivíduos mostraram melhor ajustamento diário e menos ansiedade e depressão ao longo do período de uma semana em comparação com pessoas que mostraram uma aderência rígida a um tipo particular de estratégia de enfrentamento, independentemente de se essa estratégia era focada na emoção ou no problema (Cheng, 2003). De modo similar, foi demonstrado que a flexibilidade emocional está associada a níveis reduzidos de desconforto subjetivo em indivíduos iniciando a faculdade (Bonanno et al., 2004).

DESREGULAÇÃO DO AFETO NEGATIVO: RUMINAÇÃO, INQUIETAÇÃO E PREOCUPAÇÃO

Ruminação, inquietação e preocupação são processos cognitivos que estão implicados em tentativas mal-adaptativas de lidar com o estresse. Todas essas três atividades são caracterizadas por processos repetitivos que focam em sintomas, causas e consequências do desconforto de uma pessoa (Nolen--Hoeksema, Wisco, & Lyubomirsky, 2008). Ruminação é um construto multifatorial que consiste em inquietação e reflexão. A inquietação é a atividade cognitiva de focar em sintomas de desconforto, ao passo que a reflexão enfatiza esforços ativos para obter *insights* em relação aos próprios problemas (Treynor, Gonzalez, & Nolen-Hoeksema, 2003). Ambos os aspectos da ruminação estão tipicamente correlacionados com a depressão em análises transversais, com a inquietação mostrando associações mais fortes (Nolen-Hoeksema et al., 2008; Treynor et al., 2003).

Enquanto a ruminação é uma tentativa de enfrentar eventos passados, a preocupação é uma atividade cognitiva mal-adaptativa que foca em eventos futuros. A preocupação e a ruminação envolvem primariamente a atividade verbal e, em menor grau, as imagens. Processos verbais e de imagens têm efeitos distintos na resposta psicofisiológica ao material emocional. Por exemplo, verbalizar uma situação atemorizante normalmente induz menos a resposta cardiovascular do que imaginar visualmente a mesma situação, possivelmente porque verbalizações são utilizadas como uma estratégia de abstração e distanciamento. Isso sugere que a atividade verbal durante a preocupação está menos conectada aos sistemas afetivo, fisiológico e comportamental do que as imagens portanto pode ser que verbalizar seja um veículo pobre para processar informações emocionais (Borkovec, Ray, & Stöber, 1998). A preocupação chegou a ser conceitualizada como uma estratégia de evitação cognitiva. Por exemplo, preocupações sobre estar atrasado para o trabalho poderiam estar ligadas ao medo de perder o emprego ou até a cenários mais catastróficos, como desemprego perpétuo, falência, divórcio, mendicância, e assim por diante. Então, preocupar-se com assuntos menos relevantes pode ser uma maneira de evitar o pior dos cenários. Estes podem ser mais bem descritos e processados fazendo-se uso de imagens.

A preocupação parece se associar à intolerância à incerteza, um fator de vulnerabilidade cognitiva e variável disposicional à ansiedade crônica (Ladouceur, Gosslin, & Dugas, 2000). Pessoas com altos níveis de intolerância à incerteza comumente percebem muitas fontes de perigo em suas vidas diárias quando confrontadas com incerteza e/ou situações ambíguas. Por exemplo, uma pessoa que está preocupada com a possibilidade de que um evento imprevisível possa estragar sua carreira pode se sentir ansiosa e engajar-se excessivamente em preocupações sobre esses problemas, como uma maneira de responder a essas incertezas (Ladouceur et al., 2000).

Preocupação, ruminação e inquietação resultam em estados afetivos crônicos negativos que tendem a esgotar a energia de uma pessoa e sua habilidade de enfrentar de maneira adaptativa desafios situacionais, que, por sua vez, exacerbam a experiência do afeto negativo (Rozanski & Kubzansky, 2005). Assim, o afeto negativo crônico tende a ser autossustentável. Em contrapartida, o afeto positivo alarga a gama de pensamentos, comportamentos e capacidades de funcionamento executivo ao nosso dispor (Fredrickson & Branigan, 2005). Por exemplo, estudantes universitários que sentem afeto positivo são menos propensos a perceber diferenças raciais em rostos (Johnson & Fredrickson, 2005); médicos experimentando afeto positivo consideram mais as opiniões antes de darem um diagnóstico (Estrada, Isen, & Young, 1997); e, durante negociações, pessoas com um humor positivo são mais propensas a considerar com cuidado argumentos divergentes e chegar a um acordo, ao passo que pessoas em estados mais neutros são mais propensas a encerrar o período de barganha sem um acordo (Carnevale & Isen, 1986).

AFETO POSITIVO

O afeto positivo está comumente associado à aproximação, ao passo que o afeto negativo está associado a tendências de fuga (Cacioppo & Berntson, 1999). Experienciar o afeto negativo associado a uma tendência de evitar situações inéditas e potencialmente perigosas pode ter sido evolutivamente adaptativo, pois era mais custoso se aproximar de uma situação inédita perigosa do que evitar uma situação inédita inofensiva. Em consequência, a propensão de responder à informação negativa é maior do que à informação positiva. Essa tendência foi chamada de *viés de negatividade* (Cacioppo & Gardner, 1999).

Em contrapartida, tendências de evitação imunizam os membros de uma espécie contra novas experiências. Isso é problemático se essas novas situações são importantes para a sobrevivência do indivíduo ou de sua prole e se dão à espécie uma vantagem evolutiva. O afeto positivo encoraja comportamentos de aproximação e estimula a exploração e a curiosidade. Portanto, é possível que a segregação parcial de processamento afetivo positivo e negativo seja evolutivamente adaptativa porque encoraja os indivíduos de uma espécie a explorarem novas situações e ambientes, independentemente da ameaça potencial que pode estar associada a essas situações (Cacioppo & Gardner, 1999). Disso decorre que, de uma perspectiva evolutiva, é possível experienciar tanto o afeto positivo quanto o negativo simultaneamente.

O afeto positivo está intimamente associado à felicidade e ao bem-estar subjetivos. Felicidade e bem-estar subjetivos são difíceis de predizer ou até mesmo definir, embora tendamos a defini-los nos termos das avaliações cognitivas e afetivas subjetivas que as pessoas fazem de suas vidas (Diener, 2000). Considerou-se, por muito tempo, que o bem-estar subjetivo é um estado temporário e que as pessoas são incapazes de alcançar o estado final e duradouro da felicidade, pois suas expectativas crescem com suas posses e conquistas. Por exemplo, ganhar um milhão de dólares na loteria trará grande alegria, mas eventualmente nos acostumaremos ao nosso novo estilo de vida luxuoso e em breve nos compararemos a pessoas mais ricas, que vivem vidas ainda melhores do que a que podemos bancar com nosso prêmio. Isso também se aplica a outras posses, conquistas ou vitórias que associamos à — e até mesmo definimos como — *felicidade*. Essa busca interminável transforma a felicidade em um estado esquivo, dinâmico e transitório. Como resultado, as pessoas se sentem presas, como se trabalhassem em uma espécie de "esteira hedônica" (Brickman & Campbell, 1971); não importa o quanto nos esforcemos, não podemos alcançar o estado final da felicidade. Ao mesmo tempo e de modo similar, a infelicidade é transitória porque as pessoas eventualmente se adaptam a situações que no início causaram infelicidade.

Intimamente relacionada à felicidade está a *vitalidade*. Esse construto ainda não está bem definido, nem é muito pesquisado. A vitalidade tem sido definida como "um estado emocional positivo e fortificante que está associado a um senso de entusiasmo e energia [e] pode ser considerado tanto fortificante quanto regenerativo" (Rozanski & Kubzansky, 2005, S47). Ela está associada ao afeto positivo e a um senso geral de alegria, energia para viver e entusiasmo geral (Ryan & Deci, 2000). A vitalidade aumenta a concentração de uma pessoa, sua *performance* intelectual, sua habilidade de resolução de problemas e sua disposição para enfrentar novos desafios (Fredrickson, 2000).

Como já salientado, é difícil predizer a felicidade. Características demográficas (como sexo, renda, educação, estado civil, idade e religião) contribuem pouco com a felicidade e o bem-estar subjetivos (DeNeve & Cooper, 1998). O bem-estar subjetivo não muda consideravelmente com a idade, e homens e mulheres não diferem muito em bem-estar subjetivo. Pessoas casadas relatam estar levemente mais felizes do que pessoas não casadas. Educação, ocupação e até mesmo a renda estão apenas moderadamente correlacionadas ao bem-estar subjetivo. Nenhuma variável demográfica sozinha pode explicar mais do que 3% da variância no bem-estar subjetivo.

Em vez disso, o bem-estar subjetivo parece estar mais intimamente ligado aos traços de personalidade, sobretudo àqueles que estão associados à estabilidade e à tensão emocionais. Além do mais, pessoas felizes tendem a ter relacionamentos mais fortes (Myers & Diener, 1995), demonstram vigor e sentem-se no controle de suas vidas. Em contrapartida, pessoas com um estilo repressivo e defensivo e aquelas que percebem eventos como fora de seu controle tendem a ser infelizes (DeNeve & Cooper, 1998). Muitos fatores contribuem para a felicidade duradoura. Estes incluem a percepção de estar vivendo uma vida com sentido que está orientada para um objetivo estimado (Emmons, 1986), estar afiliado a grupos sociais (Myers, 2000) e experimentar (Scitovsky, 1982) prazer. O Capítulo 7 é inteiro dedicado à felicidade e ao afeto positivo.

TRANSTORNOS EMOCIONAIS

Definição

O termo *transtorno emocional* não é uma categoria diagnóstica reconhecida oficialmente. É um sinônimo comum para os *transtornos afetivos*, que incluem os diagnósticos abarcados pelos transtornos do humor e de ansiedade. O termo *transtorno emocional* sugere que uma emoção está *des*ordenada (i.e., fora da ordem) ou *a*normal (fora da norma) na medida em que está se destacando, seja em relação às outras, seja em relação à experiência e ao funcionamento típico da pessoa. Mas quando as variações nas experiências emocionais se encontram dentro da normalidade e quando podem ser consideradas anormais e desordenadas?

Assim como todos os transtornos mentais, os transtornos emocionais são difíceis de classificar, quanto mais de definir. Para o *Manual diagnóstico e estatístico de transtornos mentais* (DSM-5; 2013), é vital que uma condição (i.e., o que quer que se considere como transtorno) gere sofrimento e/ou prejuízos consideráveis na vida da pessoa. Uma definição popular de transtorno mental é aquela sugerida por Jerome Wakefield (2007). De acordo com essa definição, uma condição é considerada um transtorno se for uma *disfunção prejudicial*. É *prejudicial* porque gera consequências negativas para a pessoa ou para a sociedade, e é uma *disfunção* porque impede que a pessoa desempenhe alguma função natural forjada pela evolução. Por exemplo, o medo de voar é prejudicial porque atrapalha os planos de viagem da pessoa. Ainda, é disfuncional porque evitar viagens aéreas não é uma atitude adaptativa em nossa sociedade atual. No entanto, McNally (2011) fez uma crítica persuasiva a essa definição. Ele observou que uma "disfunção" não pode simplesmente ser definida pela biologia ou pela evolução. Ao contrário, são os valores e as normas que influenciam o julgamento do que é uma disfunção ou um prejuízo. Em vez de atrelar o termo *disfunção* à evolução, ele argumenta que faz mais sentido atrelar a definição de disfunção ao pano de fundo sociocultural da pessoa, e não ao suposto significado evolutivo de um comportamento, pois, com frequência, é difícil se aferir o significado evolutivo de um comportamento.

Outros teóricos dão ainda mais peso à relatividade dos transtornos mentais em relação ao contexto social, chegando a questionar se há sentido em definir problemas como transtornos mentais, a não ser que existam correlatos biológicos claros do transtorno. Um dos primeiros proponentes dessa posição foi Thomas Szasz (1961). Szasz considera que a definição atual de transtornos psiquiátricos é uma construção humana arbitrária e formada pela sociedade sem base empírica clara. De acordo com Szasz, problemas psiquiátricos, incluindo transtornos emocionais, como a depressão e os transtornos de ansiedade, são, em vez de entidades médicas, meros rótulos derivados pela sociedade a partir de experiências humanas normais. Como resultado, os mesmos comportamentos que são considerados expressões de um transtorno emocional em uma cultura podem ser considerados normais, ou até mesmo desejáveis, em outra cultura ou época da história. Embora Szasz esteja correto sobre a ligação de problemas psicológicos com o pano de fundo histórico e sociocultural de uma pessoa, não há fundamento em concluir que esses transtornos psicológicos sejam rótulos sem qualquer sentido e base empírica. A história da medicina está repleta de exemplos de transtornos que manifestam uma síndrome característica, sem, contudo, sugerirem a existência de correlatos biológicos específicos. Por exemplo, as pesquisas iniciais sobre diabetes são um exemplo proeminente. Muitos anos após a doença ter sido definida como síndrome, descobriu-se que o desequilíbrio insulínico era a causa do transtorno. Se considerássemos a forte formulação de Szasz, o diabetes não deveria ter sido definido como uma entidade no campo da doença, já que a causa da enfermidade ainda não era conhecida.

No outro extremo, está a crença de que os transtornos emocionais são entidades médicas distintas com características únicas que podem ser encontradas na história individual da pessoa ou em sua biologia. Por exemplo, clínicos de orientação psicanalítica creem que transtornos emocionais têm sua raiz em conflitos interpessoais, como o relacionamento com os pais. Considerando as ideias freudianas, esses conflitos são geralmente considerados um resultado da repressão (p. ex., a supressão) de desejos, impulsos, pensamentos e sentimentos indesejados. Psicoterapeutas psicodinâmicos mais modernos, que consideram o *insight*, com frequência dão uma ênfase relativamente maior para conflitos interpessoais existentes ou não resolvidos, e não para experiências iniciais da infância. O único problema com essas ideias psicodinâmicas e psicanalíticas é que, mesmo depois de mais de cem anos, ainda há bem pouca, se é que há alguma, evidência empírica que as embase.

Por fim, terapeutas de orientação mais biológica geralmente acreditam que os transtornos emocionais são entidades biológicas. Segundo essa perspectiva, os transtornos mentais estão ligados de modo causal a fatores biológicos particulares, como disfunções em certas regiões do cérebro ou algum desequilíbrio em certos neurotransmissores, que são moléculas que transmitem sinais de uma célula nervosa à outra. Por exemplo, demonstrou-se que o neurotransmissor de serotonina é a causa de muitos transtornos emocionais. Mais recentemente, pesquisadores estão tentando localizar genes específicos que contribuem com problemas mentais emocionais e de outros tipos (p. ex., Insel & Collins, 2003).

Não está claro se manipular genes específicos — ou mesmo neurotransmissores — pode, de fato, levar a melhorias claras de curto e de longo prazos nos problemas emocionais. Além disso, localizar o substrato biológico de um estado emocional não explica esse mesmo estado emocional. Pode-se argumentar que identificar correlatos biológicos não fornece respostas, pois estamos simplesmente trocando o questionamento sobre a causa de uma emoção em nível psicológico para o nível biológico. A real "razão" do desconforto emocional per-

40 Stefan G. Hofmann

manece desconhecida (i.e., não existe um modelo heuristicamente útil para explicar e predizer o processamento e a regulação de estímulos emocionalmente relevantes).

De modo similar, não se pode concluir prontamente que a depressão é causada por uma deficiência de serotonina, embora a depressão e os níveis de serotonina estejam relacionados e se saiba que tomar um inibidor seletivo da recaptação de serotonina (ISRS) pode ajudar a melhorar a depressão. Está claro que um "modelo serotoninérgico da depressão" seria muito simplista, pois os ISRSs não melhoram, de modo confiável, os sintomas da depressão. Além do mais, outras medicações que enfocam outros tipos de neurotransmissores são similarmente (e moderadamente) eficazes para tratar a depressão e outros transtornos emocionais.

O meio mais razoável e baseado em evidências para se compreender a base de um transtorno emocional parece ser o desenvolvimento de modelos que consideram a predisposição genética que a pessoa pode ter para o transtorno, as influências sociais que têm influência sobre ele e outros fatores ambientais que contribuem para o seu desenvolvimento. Transtornos emocionais são problemas reais e tratáveis, e não somente palavras atreladas a construtos sem fundamento inventados por pessoas ou meros resultados de desequilíbrios de substâncias neuroquímicas.

Modelo diátese-estresse

Diversos fatores, no domínio das diferenças individuais, podem contribuir para o desenvolvimento de um transtorno emocional. Deve-se apontar, no entanto, que os fatores predisponentes (i.e., as "razões" que explicam o desenvolvimento de problemas emocionais) geralmente não são iguais aos fatores mantenedores. Além do mais, os fatores predisponentes são relativamente pouco importantes quando se considera a implementação de estratégias efetivas de tratamento, uma vez que não fornecem as informações necessárias e suficientes para o tratamento. De modo similar, conhecer a "razão" de um braço quebrado (p. ex., ter se envolvido em um acidente de esqui, ter sido atropelado por um carro) é pouco importante quando se está fazendo a escolha do tratamento correto (i.e., engessar o braço). Problemas psicológicos são certamente mais complicados do que um braço quebrado. Contudo, o ponto é o seguinte: o mesmo estressor pode ter efeitos diferentes em pessoas distintas, a depender de suas forças inerentes e das estratégias específicas de enfrentamento que elas empregarão. Na maioria dos casos, estressores têm efeitos inespecíficos sobre o bem-estar psicológico e emocional. Para um grupo pequeno de pessoas, no entanto, esses estressores

Emoção em terapia **41**

podem levar a problemas emocionais, a depender de sua diátese específica (i.e., de suas vulnerabilidades).

A diátese específica de uma pessoa é determinada primordialmente por sua predisposição a desenvolver um problema específico quando exposta a certos estresses. Essa relação é conhecida em geral, na psicopatologia, como *modelo diátese-estresse*. Formulações mais recentes desse modelo identificam múltiplas variáveis. Por exemplo, no caso de transtornos emocionais, Barlow (2000, 2002) formulou um modelo triplo de vulnerabilidades que inclui uma vulnerabilidade biológica e herdável generalizada, uma vulnerabilidade psicológica generalizada baseada em experiências iniciais durante o desenvolvimento de um senso de controle sobre eventos pertinentes e uma vulnerabilidade psicológica mais expressiva, que ensina a pessoa a concentrar sua ansiedade em situações ou objetos específicos.

O modelo diátese-estresse é uma teoria do desenvolvimento de transtornos psicológicos e emocionais amplamente reconhecida. Sem uma diátese, o problema pode nem chegar a se desenvolver. No entanto, conhecer a constituição genética de uma pessoa em particular não nos diz se essa pessoa irá ou não desenvolver um transtorno específico. A presença de um gene apenas aumenta a probabilidade de se desenvolver um problema emocional. Estima-se que existem mais de 20 mil genes codificadores de proteínas no DNA humano. Quais desses genes predispõem alguns indivíduos a problemas emocionais é uma pergunta para as próximas gerações de pesquisadores. Contudo, mesmo que conhecêssemos a identidade e as combinações desses genes, seria muito difícil predizer quem iria ou não desenvolver um problema emocional. Além da constituição genética de uma pessoa, precisaríamos saber se/ou quando ela seria exposta a certas influências ambientais, como os estressores, e quais estratégias de enfrentamento ela poderia utilizar a fim de lidar com esses estressores.

Para complicar ainda mais as coisas, o campo em desenvolvimento da epigenética sugere que experiências ambientais podem levar à expressão ou à desativação de certos genes. Esse processo pode levar a mudanças de longo prazo em traços no interior de um indivíduo, traços que podem também ser transmitidos para as próximas gerações. Em outras palavras, parece que os estressores de uma geração podem afetar não só os estados emocionais e psicológicos de uma pessoa em particular, mas também de seus descendentes.

Dada essa complexidade, Barlow recentemente propôs uma ampliação do modelo diátese-estresse (Barlow, Ellard, Sauer-Zavala, Bullis, & Carl, 2014). A nova visão enfatiza interações complexas e dinâmicas em curso, do tipo gene-ambiente, que ocorrem ao longo da vida, oferecendo uma rica perspectiva para avançar nosso entendimento sobre o desenvolvimento dos transtornos mentais e, especialmente, do neuroticismo, ao integrar contribuições genéticas, neurobiológicas e ambientais.

No caso dos transtornos emocionais, consideramos que uma diátese em particular determina se e como determinado evento externo e importante para o afeto será processado no futuro. Sem essa diátese, é muito pouco provável que uma pessoa experienciará um transtorno emocional. A diátese individual determina qual será o estilo afetivo particular adotado pela pessoa para lidar com o evento externo. Dependendo de seu estilo afetivo, o indivíduo demonstrará uma de duas respostas afetivas gerais: ou ele experienciará predominantemente um afeto positivo ou negativo, ou não experienciará nenhum dos dois (i.e., demonstrará um afeto embotado). Um transtorno emocional pode, então, desenvolver-se caso haja afeto positivo insuficiente e uma predominância de afeto negativo desregulado. Deve-se observar que, em alguns casos, também é possível que um transtorno se desenvolva como resultado de um afeto positivo desregulado (como no caso da mania). No entanto, pode-se argumentar que a natureza do afeto positivo é qualitativamente diferente em pessoas com mania do que em pessoas saudáveis e felizes. O modelo geral integrando os vários fatores de influência discutidos anteriormente está resumido na Figura 2.3.

Aplicação clínica

Tratar de emoções na terapia pode melhorar a eficácia terapêutica (Ehrenreich, Fairholm, Buzzella, Ellard, & Barlow, 2007) e guiar a ciência clínica em direção a abordagens transdiagnósticas inovadoras (Barlow, Allen, Choate, 2004; Barlow et al., 2010) que sejam baseadas em evidências empíricas robustas, e não em tradições ou orientações terapêuticas. Mais especificamente, as maneiras

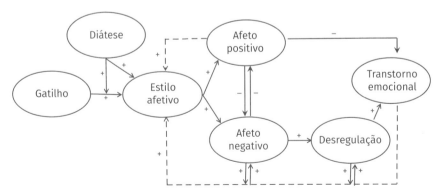

FIGURA 2.3 Modelo diátese-estresse para transtornos emocionais.

mais efetivas para tratar os transtornos emocionais, baseando-se no modelo aqui apresentado, são: (1) redirecionar a atenção para focar em eventos que não são emocionalmente desconfortáveis e promover o enfrentamento adaptativo; (2) modificar o estilo afetivo; (3) diminuir o afeto negativo; (4) aumentar o afeto positivo, o que pode iniciar um ciclo positivo incompatível com o transtorno emocional; (5) focar na desregulação afetiva; (6) reexaminar o contexto em que o desconforto emocional ocorre; e (7) interromper o ciclo de *feedback* positivo do transtorno emocional para a desregulação do afeto negativo, a experiência do afeto negativo e o estilo afetivo.

O primeiro passo quando se está tratando os transtornos emocionais é entender o papel que as emoções desempenham na vida da pessoa. Portanto, é importante explorar o mundo emocional do cliente por meio de uma análise minuciosa. Faz-se isso por meio de técnicas de descoberta guiada, escuta reflexiva e confrontação empática. Na Figura 2.4, encontra-se uma "cola" para o terapeuta, contendo perguntas e áreas de interesse centrais. Essa tabela será de grande valor para o terapeuta durante o planejamento da terapia.

O exemplo a seguir é um diálogo entre a cliente Sarah e seu terapeuta durante o fim da terceira sessão. A queixa central de Sarah tem sido depressão severa. Ela é uma mulher de negócios de 52 anos que tem três filhos. No início do tratamento, ficou evidente que Sarah ainda sofre com a morte de sua mãe, que ocorreu há quatro anos. Ela tinha um relacionamento complicado com a mãe, que era muito controladora. Sarah e sua família decidiram colocar a mãe, que começara a sofrer de demência, em um lar para idosos. Durante a sessão, Sarah expressou espontaneamente afetos negativos e deu exemplos de seu afeto negativo desregulado (inseridos no diálogo).

NA PRÁTICA: EXPLORANDO EMOÇÕES

TERAPEUTA: Você ainda pensa em sua mãe?

SARAH: Ah, sim; todos os dias. Ela está sempre comigo.

TERAPEUTA: Quais são os seus sentimentos quando você pensa em sua mãe?

SARAH: Eu sinto muita falta dela. Eu a amava muito.

TERAPEUTA: Você também teve alguns sentimentos negativos em relação a ela?

SARAH: Ela era uma pessoa maravilhosa, mas também era bem controladora e, muitas vezes, envolvia-se em grandes discussões. *[Expressão de afeto negativo.]*

TERAPEUTA: Então você sentiu raiva?

SARAH: Sim, frustração e, algumas vezes, raiva. Ela foi ficando muito difícil com o tempo. *[Expressão de afeto negativo.]*

Componentes do modelo	Algumas perguntas centrais	Considerações especiais
Evento externo	Quais (ou qual) eventos provavelmente desencadearam o desconforto emocional?	Considere informações passadas para explorar padrões recorrentes.
Diátese	Com base na história do cliente, quais são os fatores de vulnerabilidade?	Considere o temperamento (nível de timidez), a granulosidade emocional, a alexitimia, a inteligência emocional e a tolerância ao desconforto do cliente.
Estilo afetivo	Qual é o estilo afetivo típico do cliente?	Considere os enfrentamentos focados nos problemas vs. os focados nas emoções e os estilos de enfrentamento focados na emoção. Considere também a flexibilidade emocional do cliente.
Desregulação do afeto negativo	O cliente demonstra afeto negativo desregulado?	Considere especialmente a tendência apresentada pelo cliente à ruminação, inquietação e preocupação.
Afeto positivo	Qual é o nível de felicidade, vitalidade e qualidade de vida do cliente?	Explore os fatores que influenciam negativamente o afeto positivo do cliente e sua satisfação perante a vida.

FIGURA 2.4 A "cola" do terapeuta para o planejamento da terapia.

TERAPEUTA: Você a amava e sente falta dela e, ao mesmo tempo, sentiu raiva e certo alívio quando ela se foi. É isso?

SARAH: Isso soa terrível, mas sim. Foi ficando difícil cuidar dela perto do fim.

TERAPEUTA: Imagino. Você havia mencionado que ela estava bem comprometida pela demência no final, certo?

SARAH: Ah, sim. A personalidade dela mudou. Ela foi uma mulher tão forte durante a vida... e então ficou tão dependente.

TERAPEUTA: Carente?

SARAH: Sim; carente e manipuladora.

TERAPEUTA: Manipuladora? Você se importaria de falar um pouco mais a respeito?

SARAH: Ela dava um jeitinho de conseguir o que queria, mesmo que à custa dos outros.

[Terapeuta explora exemplos concretos.]

TERAPEUTA: Percebo que você está experienciando muitos sentimentos diferentes quando pensa sobre sua mãe. Embora você amasse sua mãe, também sentiu certo alívio quando ela se foi. Isso provavelmente faz você sentir um pouco de culpa.

SARAH: Ah, com certeza. Sinto muita culpa. Também estou me sentindo culpada porque ela queria ficar com a gente. *[Expressão de afeto negativo.]* Ela odiava o lar de idosos. Mas eu simplesmente não aguentava. Teria arruinado meu casamento. Todo mundo disse que a mudança para um lar de idosos seria melhor para ela.

TERAPEUTA: Então você se sente culpada porque ela esperava ir morar com você, mas, em vez disso, você a mandou para o lar de idosos. *[Desregulação de afeto negativo.]*

SARAH: Sim.

TERAPEUTA: Entendo que você deva ter emoções confusas em relação à sua mãe. Claramente, havia muito amor entre vocês duas. Mas também havia raiva e frustração. Alguns desses sentimentos podem causar outros sentimentos. Assim, o sentimento de raiva de uma pessoa querida que faleceu pode trazer sentimento de culpa. Por isso, consigo entender por que você tem sentimentos tão confusos em relação à sua mãe. Deve ser bem confuso. Como parte da terapia, quero ajudá-la a esclarecer um pouco mais esses sentimentos. Sentimentos e emoções são coisas bem humanas, e podem ser complexos e complicados. Na verdade, é normal sentir muitas emoções diferentes em relação à pessoa com a qual nos importamos profundamente. É provável que não exista um só relacionamento íntimo que seja simples e unidimensional. Na verdade, pode-se argumentar que, se a conexão emocional fosse simples e direta, o relacionamento seria superficial. Relacionamentos profundos e significativos tendem a causar respostas emocionais complexas. Como um primeiro passo, é importante reconhecer essa complexidade e ficar em paz, de algum modo, com o fato de que não há nada de errado em experimentar também o afeto negativo em relação às pessoas com as quais nos importamos profundamente e em relação às pessoas que amamos. Faz sentido o que estou dizendo?

Devido às diferenças entre as pessoas quanto às suas percepções, experiências e expressões emocionais, é importante que se explore também os recursos psicológicos e sociais existentes, bem como as habilidades de enfrentamento. Isso é ilustrado em uma sessão posterior com Sarah. O trecho a seguir foi retirado da sessão 5. Enquanto o terapeuta buscava entender algumas habilidades específicas de enfrentamento de Sarah, ela expressou muito mais instâncias quando seu afeto negativo se desregulou.

46 Stefan G. Hofmann

NA PRÁTICA: EXPLORANDO A SAÚDE EMOCIONAL

TERAPEUTA: Como você tem lidado com a morte de sua mãe?

SARAH: Bem, eu acho.

TERAPEUTA: Você poderia me falar um pouco mais a respeito?

SARAH: O que você quer dizer com lidando com a morte dela?

TERAPEUTA: Como você está lidando emocionalmente com a morte dela? Você mencionou que ainda sentia muitas emoções diferentes, e que elas são, por vezes, avassaladoras. Você havia mencionado que sente tristeza, mas também alívio e muita culpa. Como você está lidando com essas emoções?

SARAH: Estou tentando não ficar incomodada com elas. *[Desregulação de afeto negativo.]*

TERAPEUTA: Incomodada por qual sentimento em particular?

SARAH: Especialmente culpa. *[Expressão de afeto negativo.]* Sinto como se eu tivesse a abandonado quando não a levei para morar comigo. *[Expressão de afeto negativo.]* Mas todo mundo concordou que teria sido muito difícil para mim, por causa da demência da minha mãe.

TERAPEUTA: E talvez parte da culpa que você sente hoje possa também estar relacionada ao sentimento de alívio. É isso?

SARAH: Sim, com certeza. Eu amava minha mãe, mas ficou muito difícil no final. *[Expressão de afeto negativo.]*

TERAPEUTA: Imagino. O que você tem feito com esse sentimento de culpa?

SARAH: Estou tentando não o sentir. *[Desregulação de afeto negativo.]*

TERAPEUTA: Como você faz isso?

SARAH: Estou afastando o sentimento de mim. *[Desregulação de afeto negativo.]*

TERAPEUTA: E o que mais? Quais outras estratégias você tem utilizado? Existem outros membros da família ou amigos aos quais você pode recorrer?

SARAH: Não. Minha irmã não tem sido nem um pouco prestativa. E eu realmente não quero incomodar meus amigos com isso. *[Desregulação de afeto negativo.]*

Essa breve troca explorou os recursos emocionais de Sarah. Ficou claro que Sarah usa principalmente a supressão como estratégia de regulação emocional e que sente pouco apoio vindo de outros familiares. Ela também não acredita que seus amigos seriam uma rede de apoio apropriada para ela.

Em suma, Sarah (1) experiencia um alto nível de afeto negativo e de depressão; (2) experiencia um baixo nível de afeto positivo; (3) tem problemas para descrever e identificar suas emoções; (4) normalmente suprime e esconde suas emoções; e (5) tem dificuldades para ajustar e tolerar suas emoções. Estratégias específicas para abordar as disfunções e desregulações emocionais do cliente são ilustradas nos capítulos seguintes.

Emoção em terapia **47**

RESUMO DE PONTOS CLINICAMENTE RELEVANTES

- O modelo diátese-estresse integra fatores biológicos, ambientais, sociais e psicológicos. Há uma distinção importante entre fatores predisponentes (as razões pelas quais um problema inicialmente se desenvolve) e fatores mantenedores (as razões pelas quais um problema persiste). Esses fatores geralmente não são os mesmos, e apenas a modificação de fatores mantenedores pode tratar adequadamente os transtornos emocionais.

- Os fatores que contribuem com a diátese incluem diferenças temperamentais, granulosidade emocional, alexitimia, clareza emocional, inteligência emocional e tolerância ao desconforto.

- Os estilos afetivos são diferenças interindividuais no uso habitual de estratégias para lidar com informações emocionais. Eles incluem estratégias focadas nos problemas *versus* estratégias focadas nas emoções, diferentes estilos de enfrentamento focados nas emoções e na flexibilidade emocional.

- Ruminação, inquietação e preocupação são exemplos de afeto negativo desregulado. Juntos a uma deficiência no afeto positivo, esses fatores levam aos transtornos emocionais.

- O afeto positivo e o afeto negativo interagem, mas não são simplesmente opostos um do outro. Em geral, o afeto positivo envolve estados relativamente curtos, passageiramente estimulantes e focados na aproximação, ao passo que o afeto negativo é um sentimento crônico orientado para a evitação, o que muitas vezes esgota a energia de uma pessoa, levando a um problema autossustentável.

- É importante considerar os contextos social e cultural para compreender e tratar os transtornos emocionais. Em sociedades coletivistas (i.e., culturas que enfatizam a interdependência entre seus membros), o contato social tem maior influência na felicidade de uma pessoa do que em sociedades individualistas.

3

Motivação e emoção

Motivação e emoção estão intimamente ligadas. Quando alcançamos uma meta almejada, sentimos alegria e satisfação. No entanto, se a recompensa esperada não é obtida, sentimos frustração e raiva. Em virtude da íntima associação entre emoções e motivações, os pesquisadores da motivação definiram as emoções de modo operacional, na condição de estados desencadeados por recompensas ou punições (p. ex., Rolls, 2005, 2013). Uma recompensa é qualquer coisa pela qual a pessoa se esforça; uma punição é qualquer coisa que uma pessoa evita ou da qual escapa. A depender da presença de uma punição ou de uma recompensa, emoções distintas emergirão. Por exemplo, restringir uma punição desencadeia alívio; fornecer recompensas suscita prazer; punir suscita apreensão; e reter recompensas suscita frustração (Rolls, 2005).

Mais além, alguns pesquisadores distinguem diferentes sistemas motivacionais que estão associados a emoções específicas. Por exemplo, Panksepp e Biven (2010) discutem vários sistemas primários que estão associados ao afeto positivo, como os sistemas da busca, da luxúria e do jogo, além de outros sistemas, como o sistema do pânico, que estão associados a sentimentos negativos. Este capítulo explora mais detalhadamente a relação entre motivação e emoção.

A RELAÇÃO ENTRE MOTIVAÇÃO E EMOÇÃO

No Capítulo 1, defini emoção como uma experiência multidimensional que se caracteriza por diferentes níveis de ativação e graus de prazer ou desprazer,

50   Stefan G. Hofmann

associada a experiências subjetivas e a *tendências motivacionais* (entre outros fatores). Assim, a motivação faz parte da definição de uma emoção. Contudo, as tendências motivacionais são mais óbvias em algumas emoções do que em outras. Emoção e motivação aparecem associadas mais claramente nos transtornos do humor, especialmente na depressão e nos vícios, como nos transtornos relacionados a substâncias e ao jogo ou nos transtornos alimentares. A motivação pode ser intrínseca ou extrínseca e, geralmente, é definida como um impulso para se agir de determinada maneira, a fim de se mover em determinada direção e alcançar um objetivo específico. A motivação intrínseca se refere à motivação dirigida pelo interesse e proveito da pessoa extraídos da atividade em si, ao passo que a motivação extrínseca depende do desejo exterior de obter uma recompensa ou de evitar uma punição. A conquista de objetivos está associada ao afeto positivo, e a falha em alcançá-los está associada ao afeto negativo. Então, a motivação está ligada causalmente ao afeto. Além disso, emoções podem afetar motivações. Por exemplo, um estudo prospectivo descobriu que habilidades de regulação emocional anteriores a um tratamento psicológico para o uso abusivo de álcool predisseram o uso da substância durante o tratamento e que habilidades de regulação emocional posteriores ao tratamento predisseram o uso subsequente de álcool (Berking et al., 2011). O estudo demonstrou que é a habilidade de tolerar o afeto negativo em particular que prediz o uso subsequente de álcool.

No caso dos transtornos alimentares, são as pressões socioculturais ubíquas que forçam o ideal de magreza, fazendo emergir extremos no quesito insatisfação corporal, bem como a internalização desse ideal promovido pela mídia de massa e pelas dietas — todos estes são fatores de risco para a compulsão alimentar e o comportamento bulímico. Além disso, estar com sobrepeso também oferece risco. Alguns desses fatores, incluindo a restrição dietética e as preocupações extremas com o peso e com a forma, são abordados na terapia cognitivo-comportamental (TCC), que é considerada, atualmente, uma opção de tratamento de primeira linha (Stice, 2002).

Ainda, tem sido reconhecida a importância da afetividade negativa enquanto um fator de risco em si mesma. Especificamente, uma teoria popular sobre os transtornos alimentares é o chamado *modelo dual-pathway* ("caminho duplo") *do comer compulsivo*. Esse modelo considera que o afeto negativo e a restrição dietética medeiam a ligação entre insatisfação corporal e o comer compulsivo (Stice, Ragan, & Randall, 2004). Mais especificamente, o modelo *dual-pathway* propõe que a restrição dietética e o afeto negativo servem de mecanismos finais pelos quais pressões socioculturais generalizadas que forçam o ideal de magreza, feitas pela família, pelos pares e pela mídia, levam à insatisfação corporal, que, por sua vez, nutre o desenvolvimento de comportamentos alimentares problemáticos, como a bulimia e o comer compulsivo. O primeiro caminho para o comer compulsivo é a restrição dietética; o segundo caminho é a influência da alimentação no afeto negativo, como no caso da depressão. A restrição dietética tem sido relacionada consistentemente à bulimia nervosa. Junto às preocupações com o peso, com a forma e com a alimentação, a restrição dietética também serve de critério diagnóstico para os transtornos alimentares. O afeto negativo relacionado à alimentação é outro critério definidor dos transtornos alimentares. O modelo considera que pessoas com bulimia recorrem à compulsão e ao comportamento purgativo como meios de regular estados negativos de humor. Esse modelo é consistente com descobertas que mostram uma resposta significativamente melhor ao tratamento cognitivo-comportamental por parte de clientes com bulimia que restringiram sua alimentação quando comparados àqueles classificados com uma mistura de restrição deprimida (p. ex., Stice & Agras, 1999).

Uma versão estendida do modelo *dual-pathway* postula que o afeto negativo e o comer compulsivo não estão relacionados diretamente, mas indiretamente, por meio da falta de consciência interoceptiva e alimentação emocional (van Strien, Engels, Leeuwe, & Snoek, 2005). Mais especificamente, esse modelo considera que a relação entre insatisfação corporal e o comer compulsivo é explicada pelo fato de que o afeto negativo causado pela insatisfação corporal está relacionado com a falta de consciência dos próprios sentimentos e com a alimentação que visa a lidar com o afeto negativo, que, por sua vez, associa-se ao comer compulsivo. A literatura fornece fundamentação empírica para a descoberta de que fatores socioculturais são fatores de risco importantes e que o afeto negativo prediz a manutenção da patologia alimentar (Koenders & van Strien, 2001; Stice, 2002).

Déficits nas habilidades de regulação emocional também são fatores de risco claros para a manutenção de problemas de humor e de ansiedade. Especificamente, demonstrou-se que habilidades de regulação emocional predizem, de forma negativa e unidirecional, a severidade do sintoma subsequente por um período de cinco anos acima e além dos efeitos da linha de base de severidade da depressão (Berking, Wirtz, Svaldi, & Hofmann, 2014) e da ansiedade (Wirtz, Hofmann, Riper, & Berking, 2014). Aceitação, tolerância e disposição para confrontar emoções tiveram os efeitos preditivos mais consideráveis para sintomas de ansiedade, ao passo que qualquer déficit de habilidades predisse sintomas de depressão.

Melhorar esses déficits também reduz o desconforto emocional, como demonstrado em um ensaio clínico prospectivo controlado e randomizado

(Berking, Ebert, Cuijpers, & Hofmann, 2013). Esse estudo designou clientes internos que satisfaziam os critérios para transtorno depressivo maior (n = 432) para receberem ou TCC regular ou TCC incrementada com treino de habilidades de regulação emocional. Os resultados demonstraram que os clientes que receberam o tratamento com treino de habilidades de regulação emocional tiveram uma redução significativamente maior na depressão em comparação com o outro grupo. Além do mais, o primeiro grupo de clientes demonstrou uma redução significativamente maior do afeto negativo, bem como um aumento mais considerável do bem-estar e das habilidades de regulação emocional relevantes, particularmente, para a saúde mental.

COMPORTAMENTOS MOTIVADOS

Comportamentos motivados visam à obtenção de recompensa e prazer ou à evitação de punição e dor (p. ex., Carver & Scheier, 1998; Craig, 1918; Gray & McNaughton, 2000; Mowrer, 1960). Os primeiros comportamentalistas relacionavam diretamente o afeto com os comportamentos motivados quando consideravam que o principal mecanismo de recompensa consiste na redução da necessidade (Hull, 1943; Mowrer, 1960; Spence, 1956). Por exemplo, a água funciona como recompensa porque reduz a necessidade da sede; a comida funciona como recompensa porque reduz a necessidade da fome.

Os teóricos da motivação mais tarde rejeitaram a noção de que a recompensa está em função da redução da necessidade. Em vez disso, considera-se que a recompensa hedônica é independente da redução da necessidade e que organismos se motivam por expectativas estimulantes, e não pela redução da necessidade (p. ex., Bindra, 1974; Pfaffman, 1960; Toates, 1986; Bolles, 1972; Young, 1966). Dito de outro modo, o comportamento motivado é uma função que não depende apenas de um déficit fisiológico, mas também da associação aprendida entre um estímulo e seu valor hedônico. Por exemplo, bebidas refrescantes, comidas saborosas, parceiros sexuais atraentes e drogas viciantes são todos incentivos hedônicos não somente porque satisfazem necessidades biológicas, mas também porque aprendemos a associar esses estímulos com experiências recompensadoras. Portanto, vistas, cheiros, sensações e outras pistas que estão associadas a essas recompensas e as predizem levam a pessoa a antecipar as recompensas e, assim, aumentam a probabilidade de que essa mesma pessoa apresente comportamentos motivados. Em vista disso, déficits fisiológicos não precisam impulsionar diretamente os comportamentos motivados.

Algumas recompensas que são compartilhadas virtualmente por todos os animais e seres humanos incluem comida e água, nos casos das *motivações de*

Emoção em terapia   **53**

fome e de sede, e orgasmo, no caso da *motivação sexual.* Seres humanos e animais que estabelecem hierarquias sociais percebem a proximidade social (devido à *motivação de afiliação).* Ocupar um alto nível na hierarquia social (devido à *motivação de dominância)* é encarado como recompensador. Ademais, seres humanos e alguns animais são recompensados por experiências de maestria (devido à *motivação de conquista),* aprofundando as relações com outras pessoas (devido à *motivação de intimidade)* e impactando-as (devido à *motivação de força)* (p. ex., Schultheiss & Wirth, 2008).

Muitas motivações são impulsionadas por necessidade; outras são impulsionadas por incentivo ou por uma combinação de ambos. Por exemplo, um período de privação alimentar diminui a glicemia e contribui para a experiência subjetiva de fome, resultando em uma forte motivação impulsionada por necessidade. Por sua vez, a sobremesa de *mousse* de chocolate no fim de uma sequência de pratos é muito mais impulsionada por incentivo do que por necessidade. Muitos outros comportamentos sociais complexos, como fazer uma proposta de casamento, provavelmente estão ligados a várias motivações impulsionadas por necessidade e por incentivo, desde a motivação sexual até a afiliação social e as motivações de intimidade. Como foi dito anteriormente, as emoções, em parte, são definidas pelas tendências motivacionais. Portanto, esclarecer o impulso motivacional de um comportamento pode iluminar a experiência emocional dos clientes. O exemplo a seguir ilustra como o consumo de bebida alcoólica de uma pessoa está ligado à motivação de afiliação social e às emoções.

NA PRÁTICA: ENTENDENDO AS MOTIVAÇÕES

TERAPEUTA: Por favor, ajude-me a entender por que você bebe. O que é tão bom na bebida?

DAVID: Bom, beber faz com que eu me sinta bem e faz parte da minha vida. É aquilo que eu faço ao lado do John e do Chuck para me distrair depois de um longo dia de trabalho.

TERAPEUTA: Então você bebe para espairecer e passar um tempo com o John e o Chuck.

DAVID: Sim.

TERAPEUTA: Então beber tem um papel importante na sua amizade com o John e o Chuck, certo?

DAVID: Acho que sim.

TERAPEUTA: O que aconteceria se você não bebesse quando os encontrasse?

DAVID: Isso seria bem estranho e provavelmente sem graça. Provavelmente, eu me sentiria deslocado, e eles poderiam se perguntar o que há de errado comigo.

TERAPEUTA: O que você estaria fazendo caso não saísse com o John e o Chuck?

> **DAVID:** Não sei. Assistindo à TV em casa?
>
> **TERAPEUTA:** E isso não soa bem.
>
> **DAVID:** Não. Seria bem deprimente.
>
> **TERAPEUTA:** Por que seria deprimente?
>
> **DAVID:** Porque eu sentiria falta dos meus amigos.
>
> **TERAPEUTA:** Então, por um lado, beber o ajuda a ficar com seus amigos. Por outro, também traz algumas consequências negativas, certo?
>
> **DAVID:** Sim, já me meteu em encrenca.
>
> **TERAPEUTA:** Em encrenca com sua namorada e seu chefe. Além de a sua carteira ter sido suspensa por dirigir alcoolizado.
>
> **DAVID:** Isso aí.
>
> **TERAPEUTA:** Como você se sentiu quando tiraram sua carteira de motorista?
>
> **DAVID:** Mal.
>
> **TERAPEUTA:** E como se sentiu depois das brigas com sua namorada e seu chefe?
>
> **DAVID:** Bem deprimido.
>
> **TERAPEUTA:** Aparentemente, beber traz tanto consequências negativas quanto positivas. A bebida o ajuda a passar tempo de qualidade depois do trabalho com o John e o Chuck, mas também o coloca em problemas sérios em sua vida pessoal e profissional, e você chegou até mesmo a ter problemas com a lei. Entendi corretamente?
>
> **DAVID:** Sim.
>
> **TERAPEUTA:** Pergunto-me se existe uma maneira de satisfazer sua necessidade social e, ao mesmo tempo, evitar as consequências negativas da bebida. Podemos pensar em algumas possibilidades?

David consome álcool para satisfazer seu motivo de afiliação social e para aliviar a depressão e o estresse. Ao mesmo tempo, a bebida prejudica seu funcionamento no trabalho e seu relacionamento com a namorada. Sendo assim, uma abordagem de tratamento efetiva precisará tratar esses motivos que estão ligados diretamente à sua depressão.

MOTIVAÇÃO APROXIMATIVA *VERSUS* MOTIVAÇÃO EVITATIVA

Aproximar-se de um estado ou objeto desejável se associa ao afeto positivo, ao passo que evitar ou escapar de um objeto indesejado ou de uma situação indesejada reduz o afeto negativo. Dificuldades em evitar objetivos e metas indesejáveis ou em alcançar os objetivos e metas desejáveis podem levar à depressão, frustração e raiva. Isso parece ser verdade para todos os organismos e é parti-

Emoção em terapia **55**

cularmente verdade para os seres humanos, com sua capacidade de antecipar e prever eventos futuros. Nós experienciamos afeto positivo quando antecipamos que eventos futuros serão agradáveis, ao passo que experienciamos afeto negativo quando esperamos que eventos sejam desagradáveis. A decisão de se engajar ou não em um comportamento específico está, pois, intimamente ligada à expectativa da pessoa em relação ao caráter prazeroso da experiência (Cox & Klinger, 1988).

A evitação pode ser ativa ou passiva. No caso da evitação ativa, o organismo ativamente escapa do estado ou objeto indesejado; na evitação passiva, o comportamento é inibido, a fim de evitar o objeto ou estado indesejável. A evitação ativa pode ser concebida como uma forma de motivação aproximativa em direção à segurança (p. ex., Schultheiss & Wirth, 2008). Por exemplo, no clássico estudo de Solomon e Wynne (1953), cães aprenderam rapidamente a pular de um compartimento A para um compartimento B tão logo um estímulo (como a luz) sinalizando um choque iminente nas patas aparecia no compartimento A. Em sua maioria, os cães não só aprenderam a evitar o choque, pulando do compartimento A para o B, com apenas alguns testes, como também mantiveram o comportamento mesmo quando o choque não ocorria após a luz ser acesa. Ainda, os cães não demonstraram sinais de medo após terem aprendido como escapar do choque, sugerindo que o salto não era motivado somente pela evitação ativa, mas também pela aproximação em direção à segurança, especialmente depois dos testes iniciais. Esse experimento também ilustra como o afeto está diretamente relacionado à motivação.

A depender da tendência motivacional de uma pessoa, um mesmo evento e uma mesma situação poderão ser vividos de maneiras bem diferentes. Por exemplo, alguém que está fortemente orientado para a evitação experienciará rejeição ou criticismo (p. ex., mais intensamente e por mais tempo) de modo diverso de alguém que está mais orientado para a aproximação. Os clientes podem aperfeiçoar a compreensão de sua experiência emocional ao se tornarem conscientes das tendências motivacionais que podem estar associadas às suas emoções.

Motivações aproximativas estão intimamente ligadas a estados de afeto positivo. Contudo, a aproximação nem sempre se associa à recompensa externa e pode até ser experienciada como um estado negativo (como a raiva) (Harmon--Jones, Harmon-Jones, & Price, 2013). Por exemplo, o sistema de *busca* do modelo de Panksepp e Biven (2010) está associado à motivação aproximativa, mas não responde, simplesmente, a incentivos positivos. O sistema também fica ativado quando pessoas (e animais) buscam e encontram uma solução para um problema ou desafio. A satisfação de encontrar uma solução é, em si e por si só, o evento recompensador e prazeroso.

Além do sistema de *busca*, Panksepp e Biven (2010) identificam outros sistemas que fazem parte dos circuitos emocionais-afetivos dos cérebros dos mamíferos. Estes incluem o sistema de medo/ansiedade, o sistema de ira/raiva, o sistema de luxúria/sexo, o sistema de cuidado/cuidado materno, o sistema de pânico/luto separação-desconforto e o sistema de jogo/*rough-and-tumble* ("engalfinhar-se") de engajamento social físico. Trata-se de sistemas biologicamente programados e evolutivamente antigos que estão relacionados a emoções primitivas. Por exemplo, o sistema de medo/ansiedade permite ao organismo que se retire reflexamente, esconda-se ou fuja; o sistema de pânico/luto é concebido como dor psicológica e é tido como o alicerce da depressão; o sistema de ira/raiva fica ativo durante atos de agressão; o sistema sexual/de luxúria fica ativo durante atos sexuais; o sistema de cuidado fica ativo quando se está criando a prole; e o sistema de jogo não fica ativo apenas enquanto se está brincando com a prole, servindo também de base para o aprendizado e o ensino de habilidades sociais. Esses sistemas diferentes podem ser coativados e trabalhar sinergicamente. Por exemplo, considera-se que os sistemas de pânico e de cuidado propiciam vínculo e apego sociais.

Outras apreciações teóricas associam intimamente a motivação aproximativa ao afeto positivo. Uma teoria influente conhecida como a *teoria do processo--oponente* (Solomon & Corbit, 1974) postula que todos os estímulos hedônicos que são fortes o bastante e persistem por tempo suficiente ativam não só uma, mas duas respostas: primeiro, a resposta hedônica direta (processo A); segundo, um processo oponente (processo B), oposto à primeira resposta. O segundo processo é de valência oposta à valência da primeira resposta. Por exemplo, se a resposta hedônica inicial é agradável, a resposta oposta é então desagradável. Considera-se que esse processo oponente seja gerado ativamente pelo cérebro para todas as reações afetivas, a fim de restaurar a homeostase e manter um balanço afetivo neutro. A teoria, que foi inspirada pela teoria sensorial do processo-oponente da visão em cores, tem exercido particular influência sobre as explicações de estados afetivos relacionados ao abuso de drogas. A teoria afirma que o efeito reforçador inicial da droga ativa o processo A inicial, levando ao estado A afetivo positivo. O processo A desencadeia então a ativação do processo B de valência negativa e oponente. Como resultado do uso repetido da droga, desenvolve-se uma tolerância a ela, e apenas o estado B de valência negativa, e não o estado A prazeroso, torna-se mais intenso e de duração mais longa. Durante a abstinência, os efeitos do estado B superam os efeitos do estado A. O mesmo princípio também se aplica se o estado A tiver valência negativa, como no caso da dor durante uma longa corrida, que, mais tarde, leva ao sentimento prazeroso de valência positiva experienciado pelo corredor.

Emoção em terapia **57**

Monitorando as orientações aproximativa e evitativa

A fim de monitorar as orientações aproximativa e evitativa, o terapeuta pode pedir ao cliente que utilize a Figura 3.1 como tarefa, durante ou entre as sessões. Utilizando a figura, o cliente deverá descrever brevemente uma situação que desencadeou uma experiência emocional intensa (p. ex., uma briga com o marido) e a emoção específica que ele experienciou (p. ex., raiva). O cliente é instruído, então, a indicar, em uma escala de 0 (*nem um pouco*) a 100 (*muito*), se ele se sentiu atraído pela situação (orientação aproximativa) ou desejou se desengajar e se afastar dela (orientação evitativa). Uma pessoa estará orientada para a aproximação caso sinta o desejo de se engajar futuramente na situação, e estará orientada para a evitação caso sinta o desejo de se desengajar e de se retirar. Novamente, os terapeutas e os clientes são encorajados a examinarem se existe um padrão específico evoluindo.

QUERER *VERSUS* GOSTAR

O estado afetivo positivo da motivação pode ser dividido entre *querer* e *gostar*. Querer algo não é o mesmo que gostar de algo. Ambos são tipos de estados dependentes de recompensa. *Querer* se relaciona com a busca de recompensas e com a antecipação; *gostar* tem caráter apreciativo e consumatório (Berridge, Robinson, & Aldridge, 2009). Estados do querer e a motivação aproximativa parecem estar intimamente relacionados com a curiosidade, bem como com abertura, otimismo, relacionamentos interpessoais mais sólidos e menor agressão. Em outras palavras, se eu desejo chocolate, estou no meio do estado (pré-objetivo) do *querer*, em busca de chocolate. Uma vez que tiver encontrado uma barra de chocolate no armário da cozinha e começado a comê-la, eu passo para o estado (pós-objetivo) do *gostar*. A motivação aproximativa (querer) comumente estreita o foco atencional da pessoa (onde está a barra de chocolate?) e parece estar associada a circuitos neurais diferentes (Kringel-bach & Berridge, 2010; Gable & Harmon-Jones 2011; Harmon-Jones, Harmon-Jones, & Price, 2013). Em circunstâncias normais, adquirir o que deseja faz a pessoa se sentir bem. No caso do vício, entretanto, os sistemas do *gostar* e do *querer* podem se desconectar, fazendo a pessoa continuar a desejar coisas que não trazem mais prazer, o que pode, então, levá-la a comportamentos compulsivos em relação ao jogo, à bebida e à alimentação (Robinson & Berridge, 2003).

A diferenciação entre gostar e querer destaca a natureza dinâmica da motivação. A diferenciação também é consistente com teorias iniciais da motivação, que propuseram que todo comportamento motivado pode ser dividido em duas

Instruções: Registre a data e a hora em que você passou por uma situação na qual experienciou uma emoção. Descreva a emoção por meio de um rótulo (p. ex., "alegria" ou "raiva") e avalie, em uma escala de 0 (nem um pouco) a 100 (extremo), o seu desejo de se aproximar na situação ou de evitar/desengajar.

Data/hora	Situação	Rótulo emocional (alegria, raiva, etc.)	Desejo de se aproximar/engajar (0-100)	Desejo de evitar/desengajar-se (0-100)

FIGURA 3.1 Monitorando as orientações aproximativa e evitativa.

De: *Emoção em terapia: da ciência à prática*, de Stefan G. Hofmann. (Copyright © 2016, The Guilford Press. Permissão para fotocopiar esta figura é concedida aos compradores deste livro para uso pessoal ou para uso com clientes individuais. Uma versão ampliada desta figura pode ser baixada na página do livro em loja.grupoa.com.br) fases sequenciais, uma *fase apetitiva* que é, então, acompanhada de uma *fase consumatória* (Craig, 1918). A fase apetitiva consiste no comportamento flexível de aproximação que um indivíduo tem antes de o objetivo motivador ser encontrado, ao passo que a fase consumatória se inicia quando o objetivo é alcançado. Comportamentos consumatórios são comumente estereotipados e típicos das espécies, como lamber, beber, comer, copular, agredir, e assim por diante. Pode ser útil encorajar os clientes a distinguirem a fase do gostar/consumatória da fase do querer/apetitiva em seus objetivos.

NA PRÁTICA: QUERER *VERSUS* GOSTAR

TERAPEUTA: Por favor, conte-me sobre o último fim de semana.

DAVID: Fiquei completamente bêbado no sábado e fiquei em casa com uma ressaca terrível quase o domingo inteiro.

TERAPEUTA: Você gostou de ter passado esse tempo na cama durante o domingo?

DAVID: Não, é claro que não. Senti-me miserável. Minha namorada ficou brava comigo porque não pudemos fazer nada juntos.

TERAPEUTA: Isso também aconteceu algumas semanas atrás, certo?

DAVID: Sim, aconteceu há duas semanas e muitas outras vezes.

TERAPEUTA: Então você provavelmente sabia, em algum momento no sábado quando estava bebendo, que pagaria por isso no dia seguinte.

DAVID: Sim.

TERAPEUTA: Então por que você fez o que fez?

DAVID: Não sei. Acho que talvez eu precise disso.

TERAPEUTA: Por que você acha que precisa beber?

DAVID: Eu não sei; em parte porque é uma coisa social.

TERAPEUTA: Então você precisa e quer fazer, mas você não gosta de fazer. É isso?

DAVID: Soa estranho, mas sim.

TERAPEUTA: Infelizmente, isso não é nem um pouco atípico para as pessoas que têm problemas com vício. No começo, beber é divertido, e você quer beber porque gosta. Mas depois de um tempo, o gostar se separa do querer. As pessoas que bebem em excesso, por exemplo, durante o dia de trabalho e até mesmo pela manhã, não gostam de fazer isso. Na verdade, algumas provavelmente reprovam isso com veemência e podem até sentir muita culpa e vergonha. Mas elas se sentem compelidas a fazer, pois elas precisam. O querer se torna independente do gostar, a tolerância à substância se desenvolve, e o problema pelo uso da substância se torna dependência. Você pode não estar nesse estágio ainda. Mas você provavelmente chegará a ele, a não ser que façamos algo a respeito.

ATIVAÇÃO COMPORTAMENTAL

Muitos problemas emocionais estão associados a comportamentos de esquiva e à inativação. Como resultado, as pessoas ficam privadas de reforços e de prazer, fazendo pender a balança no sentido de um afeto mais negativo e menos positivo. A ativação comportamental é um método relativamente simples, mas notavelmente eficaz, para aumentar o nível de energia de uma pessoa e maximizar o número de eventos positivos em sua vida, levando a afetos mais positivos enquanto diminui os negativos.

O primeiro passo da ativação comportamental é encorajar o cliente a manter um diário de bordo de atividades durante a semana. Em sua forma simples, o diário de atividades inclui hora e data, localização, uma breve descrição da atividade e uma avaliação (nota) de quão agradável a atividade foi, em uma escala de 0 (*nem um pouco agradável*) a 100 (*muito agradável*). No próximo passo, terapeuta e cliente exploram as razões pelas quais algumas atividades são agradáveis e outras são desagradáveis. O objetivo é construir e aumentar o número de atividades agradáveis e reduzir as atividades desagradáveis e períodos de inatividade ao longo de uma semana normal. Como complemento, é desejável estabelecer rotinas na vida cotidiana do cliente e implementar padrões regulares de alimentação e de sono. O que se segue é um exemplo de diário de atividades.

Uma revisão desse diário ilustra uma série de problemas: (1) as avaliações de humor da cliente foram, no geral, baixas, e sua maior avaliação de humor se deu em sua conversa com Paula; (2) o repertório de atividades agradáveis foi reduzido e se concentrou principalmente em torno de tarefas, comida e televisão; (3) as brigas da cliente com seu marido resultaram claramente em um rebaixamento do humor; e (4) as avaliações de humor mais baixas, no geral, vieram durante horas não estruturadas e em fins de semana enquanto ela ruminava sobre sua vida, seu relacionamento e seu futuro. Por fim, ficou evidente que a cliente não pratica nenhum exercício físico.

Diários de atividade ajudam a responder a algumas perguntas importantes, como: quão desconectado e isolado o cliente está em relação a atividades cotidianas? Existem oportunidades adequadas de experienciar situações agradáveis? Quão conturbada está a rotina do cliente em virtude de problemas emocionais? O cliente tem a motivação necessária e os recursos para implementar as estratégias comportamentais?

No próximo passo, o terapeuta poderá instruir o cliente a fazer uma lista de atividades ou tarefas agradáveis. Os itens que aparecerem nessa lista dependerão dos gostos, das preferências e dos *hobbies* do cliente. Exemplos incluem ler romances, ler e assistir a peças modernas de teatro, escrever romances e poesia,

NA PRÁTICA: DIÁRIO DE ATIVIDADES

Data: 15 de junho, 2015

Hora	Atividade	Comentário e avaliação de humor (0 – baixa; 100 – alta)
06:00–07:00	Acordei e me arrumei	10
07:00–07:30	Acordei Fred e meu filho, preparei o café da manhã e o almoço	10
07:30–08:00	Tomei café da manhã	40
08:00–09:00	Voltei para a cama	50
09:00–11:00	Assisti à televisão	20
11:00–12:00	Limpei algumas coisas	10
12:00–13:00	Li o jornal	20
13:00–14:00	Conversei com Paula	60
14:00–15:00	Dei uma olhada nos documentos do banco	40
15:00–17:00	Saí para fazer compras de casa e resolver compromissos	20
17:00–18:00	Fiz o jantar	30
18:00–19:30	Jantei com Fred e meu filho	40
19:30–21:00	Assisti à televisão	50
21:00–22:00	Discuti sobre dinheiro	0
22:00–23:00	Arrumei-me para dormir	20

fazer caminhadas, jogar cartas com os amigos e assistir a filmes que acabaram de estrear.

Encorajar o cliente a propor e se engajar em atividades agradáveis pode ter um efeito dramático em seu bem-estar. Atividades agradáveis tendem a reforçar a si mesmas. O ciclo vicioso de inatividade, isolamento social e afeto negativo pode ser quebrado de maneira eficaz por meio da exposição lenta e persistente dos clientes, de maneiras criativas, a uma variedade de atividades agradáveis. Assim como a inativação comportamental e o afeto negativo se reforçam reciprocamente, também a ativação comportamental e o afeto positivo se comportam assim.

Essas atividades devem ser integradas gradualmente nas tarefas de casa do cliente. Uma rotina regular de alimentação e sono, bem como de exercício cardiovascular (uma caminhada ou corrida vigorosa de 30 minutos, por pelo menos duas vezes na semana) são uma parte essencial dessa proposta.

RESUMO DE PONTOS CLINICAMENTE RELEVANTES

- A motivação está intimamente ligada ao afeto e às emoções. Comportamentos motivados são orientados para aproximação, visando ao recebimento de recompensas e de prazer, ou orientados para evitação, visando à evitação de punições e de desprazer.

- Comportamentos motivados não são causados apenas por déficits fisiológicos, mas também por associações aprendidas entre o objetivo e a experiência hedônica do objetivo.

- A fim de identificar as tendências motivacionais associadas, os clientes podem ser instruídos a monitorar suas motivações, orientadas para a aproximação ou para a evitação, associadas a estados emocionais específicos.

- A motivação evitativa pode ser ativa ou passiva. A evitação ativa envolve a fuga ativa de um estado ou objeto indesejável; a evitação passiva implica a inibição de um comportamento a fim de evitar o objeto ou o estado indesejável.

- A motivação aproximativa pode incluir o gostar consumatório ou os sistemas do querer que buscam objetivos.

- Emoções estão associadas à tendência geral de se aproximar/engajar com uma situação ou objeto ou de evitar/desengajar-se (de) uma situação ou objeto.

4

Self e autorregulação

Emoções, e especialmente as estratégias de regulação emocional, estão intimamente associadas ao que chamamos de *self*. Na verdade, alguns teóricos modernos das emoções (p. ex., Barrett, 2014; LeDoux, 2015) consideram que a experiência das emoções não pode ser diferenciada dos processos relacionados ao *self*. A depender do nível de autocontrole, algumas estratégias de regulação emocional serão mais ou menos eficazes. Processos relacionados ao *self* também estão intimamente ligados a estados afetivos. Nós experienciamos afetos positivos se nos sentimos bem com nós mesmos, ao passo que experienciamos afetos negativos se nos sentimos mal com nós mesmos. Isso requer processos de autoconsciência, disposicional (*self-consciousness*) e situacional (*self-awareness*), e as habilidades de alternar perspectivas e de refletir sobre o próprio *self*.

O que é o "*self*"? Existe somente um *self* ou existem vários *selves*, a depender do contexto situacional, das outras pessoas e da história individual das pessoas? O que é a "consciência", e o que são as autoconsciências "disposicional" e "situacional"? Por que esses construtos estão tão ligados às emoções, e como podemos aperfeiçoar a prática clínica com base nos processos relacionados ao *self*? São essas as perguntas que nos conduzirão neste capítulo.

A ESTRUTURA DO *SELF*

William James dedicou um capítulo inteiro de seu livro *Principles of psychology* (1890/1983) ao assunto do *self*. Ele iniciou sua discussão observando que o processo de autoconsciência sugere que o *self* é tanto objeto quanto sujeito

— um aspecto que *precisa ser conhecido* e um aspecto que *conhece* (i.e., que é o conhecedor). Ele se referiu a esses aspectos distintos como o *mim* (objeto, o aspecto que é conhecido — *self* empírico) e o *eu* (sujeito, o aspecto que é o conhecedor).

Desenvolvendo essa distinção, James identificou várias características do *eu* (*I-self*) e partes, ou constituintes, do *mim* (*Me-self*). As características do *eu* incluem autoconsciência (uma apreciação dos estados, necessidades, pensamentos e sentimentos que a pessoa faz sobre si mesma), autogerência (o senso de autoria que a pessoa tem sobre as próprias ações e pensamentos), autopermanência (o senso de que a pessoa permanece a mesma ao longo do tempo) e autocoerência (o senso de que o *self* é uma entidade estável, única e coerente). O *self* empírico ("*Me-self*") se subdivide em: material, social e espiritual. Exemplos de *self* material são o corpo, as roupas e as posses de cada pessoa. O *self* social é determinado pelo reconhecimento que a pessoa recebe de seus pares. Por existirem uma multidão de grupos sociais e pessoas associados ao indivíduo, James considerou que há também uma multidão de tipos de *self* social. Por fim, o *self* espiritual é determinado pelas crenças metafísicas de uma pessoa e por seu relacionamento com Deus. James atribuiu valores diferentes a esses tipos de *self* empírico e os organizou hierarquicamente, com o *self* material localizado na base, o *self* espiritual localizado no topo e o *self* social no meio.

Muitos autores influentes depois de James exploraram a estrutura e as características do *self*. Alguns deles descreveram o *self* como um construto unitário e examinaram as diferentes características que descrevem esses aspectos distintos do *self*. Allport (1955), por exemplo, definiu o *self* como os aspectos da personalidade que a pessoa considera centrais para a sua própria personalidade. Outros autores o descreveram como um construto que consiste nas características estáveis de uma pessoa (Snygg & Combs, 1949), às quais ela está atenta e sobre as quais ela tem controle (Rogers, 1951).

Cooley (1902) definiu o *self* como quaisquer características associadas a pronomes de primeira pessoa ("Eu sou/estou..."). Considerava-se que uma pessoa percebe a si própria do mesmo modo que as outras pessoas a percebem, e a isso deu-se o nome de *self* espelho. Assim, cada pessoa é constituída pelo número de *selves* correspondente à quantidade de pessoas importantes em sua vida social. Essa concepção dá mais ênfase à *consciência social* (i.e., consciência dos outros e da sociedade) em detrimento da *autoconsciência*. A consciência social envolve a consciência de quanto da importância da ação de uma pessoa é determinada pelas reações dos outros. De modo semelhante, Mead (1934) e Sarbin (1952) postularam que uma pessoa tem tantos *selves* quanto são os papéis sociais que ela desempenha. Sarbin (1952) propôs mais tarde que todos têm um número de selves *empíricos* que corresponde aos diferentes papéis sociais que se espera que ocupemos. O *ego puro* é o corte transversal desses *selves* empíricos distintos. De modo similar, Gergen (1971) argumentou que temos múltiplos *selves* que correspondem às nossas múltiplas identificações sociais.

Resumindo essa breve revisão histórica, pode-se dizer que o *self* é visto, de modo geral, como um construto multidimensional constituído por autoavaliações globais e de domínio específico, que são representadas como esquemas e estruturas hierárquicas e dinâmicas.

AUTOCONSCIÊNCIA

A autoconsciência situacional (*"self-awareness"*) — a consciência da existência do próprio *self* — não é exclusiva dos seres humanos e está intimamente ligada à empatia e à inteligência social (que se manifesta também em alguns primatas não humanos, como os chimpanzés). O termo *inteligência social* se refere aos estratagemas competitivos que, fazendo uso da estrutura social, visam à garantia de recursos limitados (Humphrey, 1976). Esse ponto de vista foi baseado em testes laboratoriais, nos quais os primatas aparentaram ser muito mais inteligentes do que precisariam para contornar problemas cotidianos enfrentados na natureza, como encontrar comida e se proteger de predadores. Sendo assim, levantou-se a hipótese de que a força motriz por trás da evolução da inteligência dos primatas não foi o reconhecimento, a memorização e o processamento de quaisquer habilidades específicas. Em vez disso, foram a interação social desses animais e sua habilidade de reconhecer os membros de seu grupo social, de enganar uns aos outros, de identificar relacionamentos, e assim por diante, que demandaram uma força cerebral correspondente. Reconhecer que as habilidades de predizer e manipular as mentes de outros membros da própria espécie são adaptativas para seus membros, ao lado de fundamentações empíricas advindas das observações de campo de primatas não humanos (Jolly, 1966), levou à *hipótese da inteligência social* e ao conceito de *teoria da mente*. Estudos observacionais com chimpanzés (Goodall, 1971; de Waal, 1982) e babuínos (Byrne & Whiten, 1985) se mostraram consistentes com esses conceitos, identificando comportamentos que têm, aparentemente, uma função de engano tático. Um exemplo é o caso de um babuíno macho jovem que distraiu um macho mais velho e dominante, para evitar uma luta, utilizando esse tipo de tática. Embora não houvesse de fato um predador se aproximando, o jovem macho fingiu que havia identificado perigo extremo, fazendo um gesto típico que envolve se erguer sobre suas pernas e olhar atentamente para longe. Como resultado, o macho dominante cessou seu ataque, preparando-se para um potencial predador que nunca veio.

Essas observações colocam em xeque suposições sobre a especificidade do *self* nos seres humanos, pois sugerem que a autoconsciência existe em primatas não humanos. Por exemplo, chimpanzés aprendem espontaneamente a utilizar um espelho para explorarem partes de si mesmos que nunca tiveram a oportunidade de examinar antes, como sua própria face, seus dentes ou seu ânus (Gallup, 1970, 1979). Além disso, tomou-se conhecimento de que chimpanzés podem se reconhecer em espelhos (Gallup, 1970). Com exceção dos seres humanos, apenas algumas poucas espécies de primatas (chimpanzés, orangotangos e alguns outros) compartilham da habilidade de reconhecimento próprio em espelhos.

Um construto intimamente relacionado à autoconsciência situacional é a *autoconsciência disposicional* ("*self-consciousness*"), considerada, geralmente, um processo que envolve, além da consciência, tanto a atenção quanto o monitoramento. Alguns autores enfatizam a importância de distinguir autodescrição de autoavaliação nos aspectos privados *versus* públicos da autoconsciência disposicional (p. ex., Fenigstein, Scheier, & Buss, 1975; Harter, 1999). Por exemplo, autoavaliações são julgamentos que a pessoa realiza sobre sua própria competência ou aptidão, e elas podem ser voltadas para aspectos privados do *self* (p. ex., "Tenho um pavio curto") ou para seus aspectos públicos (p. ex., "Tenho um cabelo bacana"). De modo similar, afirmações sobre o próprio *self* podem estar relacionadas a características privadas de uma pessoa (i.e., aqueles aspectos que estão relacionados à autoconsciência privada) ou a aspectos públicos do *self* (i.e., aqueles aspectos que estão relacionados à autoconsciência pública).

As pessoas baseiam sua percepção de valor do próprio *self* parcialmente em seus papéis e relacionamentos sociais com outras pessoas (Markus & Kitayama, 1991), e as percepções das opiniões dos outros em relação ao próprio *self* são determinantes importantes da autopercepção (Cooley, 1902; Mead, 1925). Portanto, a autopercepção inclui, no mínimo, julgamentos sobre a própria competência, aparência corporal e características da personalidade que podem ser socialmente relevantes ou não.

Técnicas de análise autoavaliativas costumam empregar principalmente medidas de autorrelato, que demandam que os indivíduos indiquem se enxergam a si mesmos positiva ou negativamente em vários domínios (p. ex., Fenigstein et al., 1975). Metodologias que enfocam a autodescrição solicitam aos respondentes que definam a si mesmos pela resposta à pergunta "Quem sou eu?" (p. ex., Harter, 1999). Essa técnica se submete a uma análise de conteúdo de autodescrições geradas espontaneamente, que são codificadas em diferentes categorias para isolar as dimensões que são mais notáveis para a autorrepresentação do indivíduo. Contudo, a distinção entre autodescrição e autoavaliação pode ser vaga e arbitrária. Ademais, como já discutido, a autopercepção depende da situação.

Experimentos passados sobre autopercepção fizeram uso de um espelho para maximizar a atenção autofocada (p. ex., Duval & Wicklund, 1972; Hofmann & Heinrichs, 2002). Por exemplo, nós empregamos a manipulação de espelho combinada com uma técnica de autodeclaração de escolha forçada para investigar o efeito diferencial da atenção autofocada maximizada sobre a autopercepção e a autoavaliação em um grupo de graduandos (Hofmann & Heinrichs, 2002). Nesse estudo, solicitamos aos participantes que escrevessem três aspectos positivos e três aspectos negativos a seu próprio respeito. Antes de concluírem a tarefa, metade dos participantes foram colocados diante de um grande espelho por 5 minutos. As autodeclarações dos estudantes foram classificadas em uma das três categorias a seguir: (1) aparência corporal; (2) competência; (3) características de personalidade socialmente relevantes (p. ex., "Sou competitivo" ou "Sou um bom amigo"); (4) características de personalidade socialmente irrelevantes (p. ex., "Sou procrastinador" ou "Sou criativo"); e (5) "outra" (para as declarações que não se encaixaram em nenhuma das outras categorias). Os resultados demonstraram que a presença do espelho tem um efeito moderador sobre a autoavaliação e leva a mais declarações sobre os aspectos públicos e a menos declarações autocríticas sobre aspectos privados do *self*.

DESENVOLVIMENTO DO *SELF*

Os seres humanos passam a se reconhecer diante de um espelho por volta dos 18 a 24 meses (Brooks-Gunn & Lewis, 1984). Esse também é o período durante o qual as crianças criam relações entre objetos e eventos ao seu redor e desenvolvem esquemas cognitivos. Assim, é possível que a contingência entre as próprias ações (do *self* — i.e., o comportamento da criança) e seu avistamento no espelho desencadeie a formação de uma relação de equivalência entre a autorrepresentação interna do indivíduo e os estímulos externos vistos no espelho (i.e., a ação da criança sendo refletida no espelho; Povinelli, 1995).

O contexto social para o *self* em desenvolvimento se torna especialmente importante entre as idades de 3 e 6 anos, quando a regulação social evolui. A regulação social então se torna um aspecto fundamental da socialização humana. Esse é o tempo em que a criança começa a responder baseada nos estados internos das outras pessoas, em vez de responder aos seus comportamentos externos, e aprende também a relacionar o *self* atual (quem sou eu agora) ao *self* passado (quem eu era lá atrás), bem como ao *self* futuro (quem eu serei; Higgins & Pittman, 2008).

SELF E AFETO

A atenção autofocada tem sido descrita como uma forma específica de viés cognitivo que está fortemente relacionada ao afeto negativo (Ingram, 1990; Mor & Winquist, 2002). Uma revisão de literatura inicial sugeriu que o autofoco negativo é um fator geral de psicopatologia, com tipos específicos de informações relativas ao *self* sendo específicas de transtornos e refletindo os esquemas psicopatológicos particulares de vários transtornos. De acordo com essa perspectiva, a atenção autofocada pode se tornar mal-adaptativa se a pessoa for incapaz de alternar para um foco externo de atenção quando a situação exige; isso leva à autoabsorção (uma atenção excessiva, sustentada e inflexível aos estados internos; Ingram, 1990).

Em contrapartida, Pyszczynski e Greenberg (1987) observaram que o modelo de Ingram (1990) pode superestimar a extensão do relacionamento entre autofoco e as várias condições patológicas, com exceção da depressão. Os autores propuseram que a depressão está associada especificamente à atenção autofocada negativa. Mais especificamente, eles sugeriram que a depressão é consequência da perda de uma fonte importante de valor próprio — do *self* —, fazendo a pessoa ficar presa em um ciclo autorregulatório sem, no entanto, ser capaz de reduzir a discrepância entre estados presentes e estados desejados. O modelo considera que a pessoa cai em um padrão de autofoco contínuo, levando ao afeto negativo, à autopercepção negativa e ao foco preferencial negativo em desfechos negativos, em vez de positivos. Uma revisão mais recente sugere que o autofoco privado se mostrou um pouco mais fortemente associado à depressão e à ansiedade generalizada, ao passo que o autofoco público se mostrou mais fortemente associado à ansiedade social (Mor & Winquist, 2002).

O conceito de autofoco foi também um componente central em um modelo inicial de autorregulação (Duval & Wicklund, 1972). De acordo com esse modelo, a atenção autofocada conduz a um processo autoavaliativo em que o estado atual de uma pessoa em um domínio específico relevante para o *self* é comparado ao seu padrão nesse mesmo domínio. O modelo postula que a pessoa experiencia o afeto positivo se a condição atual ultrapassa o padrão, ao passo que o afeto negativo é experienciado se a condição atual fica abaixo do padrão. A experiência do afeto negativo conduz então a tentativas de diminuir a discrepância ou de evitar o autofoco. Com base nesse modelo, Carver e Scheier (1998) propuseram que o autofoco tem um papel importante nos processos autorregulatórios que têm como objetivo alcançar metas, na medida em que permite à pessoa reunir informações sobre a discrepância entre seu *self* atual e um padrão notável e se engajar em comportamentos redutores de discrepância quando uma discrepância negativa é detectada. O modelo afirma que, se há uma correspondência entre o *self* atual e o padrão desejado, a pessoa encerra o processo regulatório. Em contrapartida, se o *self* atual fica abaixo do padrão, considera-se que a pessoa entra em um ciclo de comportamentos e avaliações que dura até que o *self* corresponda ao padrão, ou até que a pessoa determine que uma correspondência é impossível. O afeto negativo é experienciado como resultado do julgamento dos indivíduos de que a probabilidade de alcançar o padrão é baixa ou de que o progresso relacionado à meta é demasiado lento.

O *self* futuro está, por óbvio, intimamente associado aos valores, às metas e às ideais da pessoa. Sendo assim, a autorregulação envolve tomar decisões no presente em relação a metas futuras (Carver & Scheier, 1998). Se as consequências dessas decisões são congruentes com essas metas, padrões e valores, o *self* é percebido como positivo; se são incongruentes, o *self* é percebido como negativo (Higgins, 1987). Por exemplo, se as pessoas experienciam uma discrepância entre seu estado presente (*self atual*) e o tipo de pessoa que esperam ou aspiram se tornar (*self ideal*), elas se sentem desencorajadas, tristes e deprimidas, e sua disposição para se engajar em uma tarefa diminui. Se as pessoas experienciam uma discrepância entre seu estado presente e o tipo de pessoas que acreditam que devem se tornar (*self devido*), elas se preocupam, sentem ansiedade e ficam nervosas, e seu engajamento e vigilância em tarefas aumentam (Higgins, 1987). Em contrapartida, as pessoas experienciam afeto positivo em relação a si mesmas se elas se tornam o tipo de pessoa que valorizam se tornar.

Desse modo, a teoria de discrepância do *self* de Higgins (p. ex., Higgins, 1987) postula que as emoções não são produto direto de algum desfecho comportamental específico. Em vez disso, elas são encaradas como um produto da discrepância percebida entre o estado desejado e o estado presente. Se há discrepância, os pensamentos condicionais começam a aparecer. Esses pensamentos tomam a forma de declarações *se-então* (p. ex., "Se eu tivesse feito X, então Y teria acontecido"). A tendência de imaginar alternativas à realidade é chamada de *pensamento contrafactual* (p. ex., Mandel, Hilton, & Catellani, 2005; Roese, 1997). As pessoas experienciam afeto quando existe discrepância entre um desfecho atual e um desfecho ideal notável e alternativo (Epstude & Roese, 2008). Esse contraste afetivo pode levar a um humor negativo ou positivo, a depender dos tipos de contrafactuais. Por exemplo, pode-se experienciar afeto positivo ao imaginar alternativas menos desejáveis (p. ex., "Se tivesse me casado com minha primeira namorada, então eu já estaria divorciado hoje"). Esse pensamento pode reduzir o afeto negativo ou preservar o afeto positivo.

Kendall e Hollon (1981) introduziram o termo *poder do pensamento não negativo* para se referirem ao fenômeno de que a ausência ou a redução de pensamentos negativos autorreferenciais é mais relevante para a psicopatologia do que a presença ou o aumento de pensamentos positivos. Um método possível para relatar pensamentos positivos e negativos é o *modelo de estados da mente* (SOM, do inglês *states of mind*; Schwartz, 1986, 1997). Esse modelo quantifica a valência de pensamentos ao relacionar pensamentos positivos (P) com a soma de pensamentos positivos e negativos (N) [P/(P+N)]. Valores específicos das taxas do modelo SOM estão associados a certas características de processamento de informação. Inicialmente, Schwartz (1986) propôs cinco SOMs diferentes, com o estado cognitivo mais adaptativo refletido no equilíbrio entre pensamentos positivos e negativos. Esse balanço parece estar associado a uma taxa SOM de 0,62 ou mais (i.e., ao menos 62% de autodeclarações positivas) (Schwartz & Garamoni, 1989). Schwartz (1997) reformulou mais tarde o modelo SOM e incluiu sete categorias qualitativamente diferentes. No modelo revisado, o estado cognitivo mais adaptativo (*diálogo positivo*) é dividido em três subcategorias: *superideal* (0,85–0,90), *ideal* (0,78–0,84) e *normal* (0,67–0,77). A taxa SOM de 0,62 está na categoria de *diálogo de enfrentamento bem-sucedido* do modelo SOM revisado.

O modelo considera que, quanto mais a taxa desvia do diálogo positivo, maior é o grau de psicopatologia. Se cognições positivas são extremamente super-representadas (> 0,90; *monólogo positivo*), considera-se que o indivíduo perdeu a atenção a eventos ameaçadores. Um diálogo conflituoso é um estado em que informações positivas e negativas estão igualmente proeminentes na mente de um indivíduo (0,42–0,58) e está comumente associado a níveis moderados de ansiedade e/ou depressão. Um *diálogo de enfrentamento fracassado* (0,34–0,41) está associado à depressão e à ansiedade moderadas, e um *diálogo negativo* (0,10–0,33) está associado à depressão e à ansiedade severas. Um *monólogo negativo* é definido como uma taxa de SOM abaixo de 0,10 e indica negatividade extrema nos conteúdos cognitivos, estando comumente associado à psicopatologia severa (Schwartz, 1997).

A teoria da autodeterminação (Ryan & Deci, 2000) destaca, de modo semelhante, a forte conexão entre *self* e afeto. Essa teoria sugere que uma consciência aberta é especialmente benéfica, pois facilita a escolha de comportamentos que são consistentes com os valores, as necessidades e os interesses da pessoa. Em contrapartida, um processamento irrefletido e automático pode afetar negativamente a consideração de opções mais congruentes com as necessidades e com os valores da pessoa (Ryan, Kuhl, & Deci, 1997). Sendo mais preciso, embora a automaticidade poupe tempo e libere a mente da pessoa para que se concentre em tarefas mais importantes, ela pode também trazer consequências negativas se o emprego da atenção consciente se sobrepõe às respostas indesejadas e se esse emprego estiver ligado ao bem-estar nos domínios cognitivo, emocional e comportamental (Bargh & Ferguson, 2000; Baumeister, 2015).

Autocontrole

O autocontrole é a habilidade que a pessoa tem de controlar suas emoções e impulsos comportamentais. Ser capaz de postergar recompensas e de controlar nossos impulsos iniciais, a fim de modular nossa experiência e expressão emocionais, promove a saúde mental e física, bem como um ajustamento geral na sociedade.

O autocontrole, que está associado ao funcionamento executivo e à ativação nos córtices frontais, parece estar sob influência tanto da genética quanto do ambiente (Bouchard, 2004; Epstein, 2006). Déficits no autocontrole predizem mortalidade prematura (Kern & Friedman, 2008), transtornos psiquiátricos (Caspi, Moffitt, Newman, & Silva, 1996), comportamentos disfuncionais, como o comer compulsivo, fumar, praticar sexo desprotegido, dirigir sob efeito do álcool e não contribuir com tratamentos médicos (Bogg & Roberts, 2004), e delinquência (White et al., 1994). Por exemplo, demonstrou-se que crianças com idade superior a 4 anos que foram capazes de postergar recompensas por mais tempo em certas situações se tornaram adolescentes mais competentes cognitiva e socialmente, alcançando uma *performance* escolar melhor e lidando melhor com a frustração e o estresse (Mischel, Shoda, & Rodriguez, 1989). O autocontrole pode ser seguramente investigado dando-se a uma criança de 4 anos um *marshmellow* e dizendo a ela que pode comê-lo quando quiser; contudo, se a criança esperar por 15 minutos, ela receberá outro *marshmellow*. Demonstrou-se que a habilidade da criança de postergar recompensas estava associada ao sucesso futuro, bem como à competência cognitiva e social mais tarde na vida.

Essas descobertas são consistentes com outras pesquisas longitudinais, como o estudo conduzido em Dunedin, Nova Zelândia. Esse estudo acompanhou mil crianças desde o nascimento até a idade de 32 anos (Moffitt et al., 2011). Os resultados mostraram que diferenças no autocontrole durante a infância predisseram as variáveis saúde física e dependência de substância, bem como finanças pessoais e até mesmo comportamentos criminosos. O mesmo estudo também demonstrou que, em uma amostra de 500 pares de irmãos, o irmão com menor capacidade de autocontrole apresentou mais problemas emocionais e comportamentais, a despeito de ter crescido na mesma família que seu par. Esse estudo investigou o autocontrole a partir da observação dos comportamentos das crianças, como labilidade, baixa tolerância à frustração, hostilidade, grosseria, resistência, inquietação, impulsividade, desatenção e

72 Stefan G. Hofmann

falta de persistência. Crianças com autocontrole pobre tiveram um risco maior de desenvolver dependência de substância mais tarde na vida. Crianças com autocontrole pobre também se mostraram mais propensas a ter dificuldades financeiras durante a vida adulta e a ser condenadas por delitos criminais, independentemente da classe social e do QI. Em síntese, esses estudos demonstram que as dificuldades apresentadas pelas pessoas no controle de suas próprias emoções e de seus próprios impulsos estão associadas à pobre adaptação física, psicológica e social. Estudos longitudinais sugeriram posteriormente que essas dificuldades aparecem bem cedo na vida e que parecem ser traços de personalidade relativamente estáveis.

Prognóstico afetivo

A autoconsciência nos permite viajar no tempo, lembrando-nos do passado e antecipando o futuro. Com o *pensamento pré-factual*, as pessoas imaginam como elas pensarão e se sentirão no futuro sobre uma decisão que tomam agora (McConnell et al., 2000). As pessoas podem imaginar que, se fossem tomar certa decisão agora, elas poderão sentir, futuramente, que outra escolha teria sido melhor, levando à autocrítica e a sentimentos de arrependimento em relação à sua decisão passada (p. ex., "Se eu comprar o carro hoje e o preço baixar na semana que vem, irei me arrepender da compra").

Os pensamentos contrafactual e pré-factual e o medo antecipado de um arrependimento futuro influenciam as decisões das pessoas no momento presente (Mandel et al., 2005). Na verdade, as pessoas podem ser influenciadas por esses padrões de pensamento muito em vista do fato de que, uma vez que um evento tenha realmente ocorrido, elas são menos suscetíveis à autocrítica e ao arrependimento em relação a um evento negativo do que imaginaram de antemão que seriam (Gilbert, 2006). A pesquisa sobre *prognóstico afetivo* (i.e., as previsões dos indivíduos sobre seus sentimentos futuros caso certos eventos específicos se tornassem realidade) demonstrou que as pessoas tendem a superestimar a intensidade do prazer e do afeto positivo ou do desprazer e do afeto negativo que irão sentir quando um evento ocorre (p. ex., ganhar 1 milhão em dinheiro na loteria ou a morte da esposa), assim como tendem a superestimar a duração do prazer ou desprazer depois do evento (Gilbert, 2006). Uma razão importante dos erros de previsão das pessoas é a sua tendência de superestimar o impacto de um evento sobre suas emoções e de subestimar os processos autorregulatórios que as atenuam. Outra razão importante para essas interpretações errôneas é o *focalismo*, isto é, a tendência de considerar mentalmente, no presente, apenas o evento focal que se irá predizer, desconsiderando as circunstâncias associa-

Emoção em terapia **73**

das, que ocorrerão ao mesmo tempo que o evento em questão no futuro (Wilson, Wheatley, Meyers, Gilbert, & Axsom, 2000).

Uma técnica para reduzir o efeito do focalismo é direcionar o foco da pessoa para que imagine não apenas um evento futuro (p. ex., estar deitado na praia após se mudar para a Califórnia para começar um novo emprego), mas também todas as circunstâncias e os fatores associados que contribuiriam futuramente com seu estado afetivo (p. ex., o fato de que o emprego é em uma empresa de informática no Vale do Silício em um ambiente de trabalho estressante que irá restringir o tempo para fazer qualquer outra coisa) (Wilson et al., 2000).

NA PRÁTICA: PREDIZENDO EMOÇÕES NO FUTURO

TERAPEUTA: Gostaria de falar um pouco sobre suas preocupações em relação ao emprego de seu marido. O que lhe preocupa?

LAUREN: Minha preocupação é que ele seja demitido e não consiga encontrar outro emprego. Ele está ganhando bem como programador, e nós dependemos disso.

TERAPEUTA: O que você teme que aconteça caso ele perca o emprego?

LAUREN: Bom, nós precisamos da renda para pagar o aluguel e arcar com as despesas, sem contar a nossa dívida da faculdade.

TERAPEUTA: O que aconteceria se vocês não tivessem o dinheiro para arcar com tudo isso?

LAUREN: Bom, nós precisamos do dinheiro para pagar tudo isso. Primeiro, nós usaríamos nossa poupança, e então eu não sei.

TERAPEUTA: Se todo o dinheiro acabasse, o que aconteceria então?

LAUREN: Nossa. Esse é um pensamento assustador. Acabaríamos na rua.

TERAPEUTA: E o que aconteceria com o seu casamento?

LAUREN: Eu ficaria do lado do meu marido. Mas acho que isso desgastaria demais nosso relacionamento.

TERAPEUTA: E o desgaste poderia ser grande demais para a sobrevivência do relacionamento.

LAUREN: Sim. Nós provavelmente teríamos que nos separar e seguir nossos próprios caminhos.

TERAPEUTA: Qual é a chance de ficar desabrigada, separada de seu marido, se ele perder o emprego?

LAUREN: É um pensamento muito assustador e espero que não aconteça. Eu realmente não quero pensar sobre isso.

TERAPEUTA: Entendo. É um pensamento muito perturbador. Seria bem útil se pudéssemos falar só mais um pouco sobre isso. Seria possível?

LAUREN: Claro.

> **TERAPEUTA:** Como você acha que se sentiria se seu marido perdesse o emprego e não houvesse perspectiva de que achasse outro como programador?
>
> **LAUREN:** Seria horrível. Eu ficaria devastada.
>
> **TERAPEUTA:** É interessante pensar que há uma grande chance de você não se sentir tão mal quanto pensa que se sentiria. Pesquisas mostraram que as pessoas superestimam o quão mal elas irão se sentir caso um evento temido específico de fato ocorra. Essas pesquisas fazem parte de um campo chamado de prognóstico afetivo. Você, provavelmente, também superestimará hoje quão bem você se sentiria caso ganhasse um milhão de dólares na loteria amanhã. Existem muitas razões para esse fenômeno. Uma delas é a nossa tendência de não levar outros fatores em consideração, incluindo nossas habilidades naturais de enfrentamento. Você já teve, no passado, experiências de antecipar que algo de ruim aconteceria caso determinada situação se tornasse real, e de perceber, porém, que, quando a situação de fato ocorreu, você não se sentiu tão mal quanto havia imaginado a princípio?

SELF, RUMINAÇÃO E PREOCUPAÇÃO

Muitos teóricos trataram das contribuições da ruminação e dos processos negativos relacionados ao *self* para os transtornos emocionais, especialmente a depressão. Deve-se notar que, em consonância com outros autores (p. ex., Nolen-Hoeksema, 2000), defino a ruminação como um processo cognitivo e, por vezes, verbal, mal-adaptativo e repetitivo, comumente relacionado a eventos passados, com frequência associado a processos negativos relacionados ao *self* e ao afeto negativo em geral. Pensar sobre eventos passados é, simplesmente, um exemplo de lembrança e reflexão. Diferentemente da ruminação, a reflexão, no geral, não está associada ao afeto negativo.

A ruminação e a atenção autofocada apresentam algumas características comuns, mas também têm peculiaridades. A ruminação foi definida como pensamentos que direcionam a atenção da pessoa para o humor deprimido e para suas possíveis causas e consequências (Nolen-Hoeksema, Morrow, & Fredrickson, 1993), fazendo-a ter mais afetos negativos e a impedindo-a de adotar estratégias de enfrentamento adaptativas.

Um processo cognitivo relacionado à ruminação é a preocupação. Tanto a preocupação quanto a ruminação são estilos de pensamento repetitivo, que se encontram intimamente correlacionados (Watkins, 2004). A preocupação tem sido examinada principalmente em relação à ansiedade (p. ex., Borkovec et al., 1998), ao passo que a ruminação tem sido estudada mais detalhadamente no contexto da depressão (Nolen-Hoeksema & Davis, 1999). A ruminação se refere à tendência de focar nas causas e consequências dos problemas sem se mover para a resolução ativa destes (p. ex., Nolen-Hoeksema, 2000). Em contrapartida, a preocupação parece ser uma tentativa de prevenir ou minimizar problemas futuros e pode atuar como uma estratégia de evitação cognitiva para reduzir o afeto negativo associado a imagens intrusivas catastróficas (Borkovec et al., 1998). Diversos estudos empíricos recentes apoiam essa distinção (p. ex., Fresco, Frankel, Mennin, Turk, & Heimberg, 2002; Segerstrom, Stanton, Alden, & Shortridge, 2003).

A preocupação é um processo cognitivo mal-adaptativo, orientado para o futuro, relacionado a uma ameaça em potencial. À medida que a ameaça se torna mais iminente, a preocupação pode se tornar ansiedade antecipatória e, mais à frente, é possível que se torne medo e pânico, sentimentos que estão associados a uma maior ativação autonômica (Craske, 1999). A preocupação implica pensar sobre um problema que é antes vago e não muito concreto, condição que reduz a formação de imagens mentais e que priva o indivíduo de estratégias suficientes para a resolução de problemas (Davey, 1994; Davey, Jubb, & Cameron, 1996; Stöber & Borkovec, 2002). Ela tem sido associada à flexibilidade autonômica reduzida, como resultado de um baixo tônus vagal cardíaco (Borkovec & Hu, 1990; Hoehn-Saric & McLeod, 2000; Lyonfields, Borkovec, & Thayer, 1995; Thayer, Friedman, & Borkovec, 1996). Por exemplo, Thayer et al. (1996) demonstraram que, em relação a condições basais e de relaxamento, a preocupação induzida experimentalmente se mostrou associada a uma frequência cardíaca mais alta e a uma potência espectral de alta frequência mais baixa, este sendo um indicador do tônus vagal cardíaco.

Esse efeito inibitório da preocupação sobre a atividade cardiovascular foi bem demonstrado em um estudo de Borkovec e Hu (1990). Nesse estudo, um grupo de universitários com medo de falar em público foi instruído a se engajar em um padrão de pensamento relaxado, neutro ou preocupado imediatamente antes de visualizar uma situação de fala pública, enquanto seus membros tinham as respostas de frequência cardíaca basal monitoradas. Os participantes do grupo preocupado manifestaram uma resposta na frequência cardíaca mais baixa do que aqueles sob a condição neutra, que, por sua vez, demonstraram uma resposta mais baixa em relação àqueles que foram orientados para a condição de relaxamento antes da exposição às imagens mentais fóbicas. Outra pesquisa também demonstrou que a preocupação se encontra comumente associada a uma ansiedade mais elevada e a uma maior atividade no eletroencefalograma (EEG) (p. ex., Hofmann et al., 2005) de ondas-alfa do lobo frontal esquerdo. Uma discussão mais detalhada da neurobiologia das emoções é apresentada no Capítulo 8.

76 Stefan G. Hofmann

Estudos investigando processos cognitivos costumam distinguir pensamentos verbais de imagens visuais. Esses dois fenômenos cognitivos parecem ter efeitos muito diferentes sobre a resposta psicofisiológica ao material emocional. Por exemplo, verbalizar uma situação amedrontadora em geral induz uma menor resposta cardiovascular do que imaginar visualmente a mesma situação (Vrana, Cuthbert, & Lang, 1986), possivelmente porque verbalizações são utilizadas como uma estratégia de abstração e de desengajamento, a fim de diminuir a ativação simpática em resposta a materiais aversivos (Tucker & Newman, 1981). Isso sugere que a atividade verbal durante a preocupação está ligada aos sistemas afetivo, fisiológico e comportamental de maneira menos íntima do que às imagens e que pode, portanto, ser um veículo pobre para se processar a informação emocional (Borkovec et al., 1998).

A pesquisa aponta para diferentes subtipos de ansiedade, com diferentes marcadores biológicos (Gruzelier, 1989; Heller, Nitschke, Etienne, & Miller, 1997; Nitschke & Heller, 2002). Mais especificamente, tem se hipotetizado que o hemisfério esquerdo está mais implicado quando há componentes cognitivos verbais fortes associados ao estado emocional ansioso, como a preocupação (Heller et al., 1997). Em contrapartida, supõe-se que o hemisfério direito esteja mais implicado durante a antecipação de ameaças iminentes. Especificamente, Heller e colaboradores (1997) distinguem *apreensão ansiosa* de *ativação ansiosa*. A *apreensão ansiosa* é definida como um estado de ansiedade caracterizado predominantemente por componentes verbais e cognitivos e direcionado para eventos negativos futuros. Já o estado de *ativação ansiosa* é caracterizado principalmente por uma resposta somática de medo e uma elevação na ativação fisiológica. Os autores encontraram uma ativação parietal direita relativamente maior durante a ativação ansiosa e uma maior assimetria frontal no hemisfério esquerdo durante uma tarefa com a finalidade de induzir a apreensão ansiosa.

Processos de preocupação são abordados de modo eficaz quando convertemos o pensamento verbal em imagens concretas, como uma cena ou figura. Essa imagem pode servir como símbolo da preocupação subjacente, criando, então, as experiências emocionais específicas.

NA PRÁTICA: EXPOSIÇÃO À PREOCUPAÇÃO

TERAPEUTA: Agora, vamos criar uma imagem em nossas mentes; uma imagem bem ruim do pior cenário possível. Seu marido foi demitido e não conseguiu um novo emprego, e vocês gastaram todo o dinheiro reserva. Você se separou dele e vive sozinha na rua. Por favor, imagine uma cena ou imagem específica. O que você vê?

> **LAUREN:** Estou sentada na calçada, mendigando.
>
> **TERAPEUTA:** Conte-me todos os detalhes possíveis.
>
> **LAUREN:** Está quente. Estou suando. As pessoas passam e me ignoram.
>
> **TERAPEUTA:** Bom trabalho! Então você está suando e sentindo o cheiro de suor porque está quente e você não toma banho há semanas. Você está abandonada e só. Por favor, feche seus olhos agora e imagine essa cena o mais vividamente possível. Se alguns pensamentos a distraírem ou se sentir vontade de afastar essa imagem, simplesmente reconheça essa vontade, mas gentilmente retome o foco na imagem. Experimente os sentimentos que a imagem cria sem tentar modificá-los. Por favor, mantenha seus olhos fechados e permaneça nessa situação por alguns minutos. Eu direi a você quando puder abrir seus olhos novamente.

Depois desse exercício, o terapeuta poderá pedir para que Lauren dê uma nota para seu nível de desconforto em uma escala de 0 (*sem desconforto*) a 100 (*desconforto muito grande*). A prática provavelmente será bem desconfortável (i.e., 60 ou mais). Se o nível de desconforto for mais brando, o terapeuta deverá explorar as razões para tal. Não é improvável que o cliente utilize estratégias de evitação experiencial para modular o nível de estresse. Essas estratégias precisam ser eliminadas, destacando-se a importância de experienciar por completo o sentimento, a fim de aprender estratégias alternativas para lidar com essas emoções.

RESUMO DE PONTOS CLINICAMENTE RELEVANTES

- Processos relacionados ao *self* (autoconsciência e atenção autofocada) levam a autopercepções e a autoavaliações, que podem ser positivas ou negativas e podem estar associadas a afetos negativos. O clínico pode acessar a percepção que o cliente tem de seu próprio *self* pedindo-lhe que descreva a si mesmo (p. ex., "Eu sou...").
- O *self* sofre mudanças com o tempo. O *self atual* é o *self* da pessoa em seu estado presente; o *self ideal* é o *self* que a pessoa deseja alcançar; o *self devido* é o *self* que a pessoa pensa que os outros querem que ela alcance. Uma discrepância entre o *self atual* e o *self ideal* pode levar à depressão; uma discrepância entre o *self atual* e o *self devido* pode levar ao estresse e à ansiedade.
- As pessoas utilizam estratégias para proteger o próprio *self*. Algumas dessas estratégias de autopreservação incluem o pensamento contrafactual (imaginar desfechos de comportamentos alternativos que poderiam ter tido lugar no passado) e o pensamento pré-factual (antecipação do sentimento futuro que decorrerá de uma decisão tomada no presente).

- As pessoas tendem a superestimar a intensidade dos afetos positivo e negativo que pensam que irão experienciar caso determinado evento ocorra, pois elas subestimam a importância dos processos autorregulatórios e tendem a desconsiderar circunstâncias associadas, que ocorrerão concomitantemente àquele evento no futuro (o que é conhecido como *focalismo*).
- Autocontrole é a habilidade de postergar recompensas por meio do controle das próprias emoções e impulsos, a fim de recebê-las futuramente. O autocontrole empobrecido se associa à má adaptação psicológica, física e social.
- A ruminação e a preocupação são processos cognitivos mal-adaptatvios que envolvem processos relacionados ao *self* e que levam ao afeto negativo. A ruminação geralmente enfoca eventos passados; já a preocupação geralmente enfoca o futuro. Ambos os estilos de pensamento tendem a ser processos verbais repetitivos, em vez de imagens, revelando também um nível diminuído de concretude e uma dificuldade de desenvolver de modo eficaz habilidades de resoluções de problemas.

5

Regulação emocional

Embora as emoções aparentem ocorrer automaticamente, na verdade, temos algum controle sobre nossa experiência emocional. Podemos, a princípio, evitar situações, pessoas ou gatilhos que desencadeiam respostas emocionais em nós; podemos não consentir que uma emoção nos chateie; ou podemos modificar nossa visão da situação que lançou a fagulha da emoção. Outros aspectos importantes que determinam nossa experiência emocional incluem nossas expectativas e o contexto em que as emoções ocorrem.

A experiência de uma emoção pode, às vezes, ser privada. Outras vezes, procuramos contato humano para vivenciar essa experiência mais intensamente, potencializando-a. Sendo assim, a regulação emocional envolve processos tanto intrapessoais quanto interpessoais. Este capítulo discute as muitas maneiras pelas quais as emoções podem ser controladas e reguladas. Examino tanto estratégias de regulação emocional intrapessoais (i.e., estratégias que são relativamente independentes do contexto social) quanto interpessoais (i.e., estratégias que envolvem outras pessoas).

DEFININDO REGULAÇÃO EMOCIONAL

Comparados aos animais, os seres humanos são altamente competentes em suas habilidades de regulação das emoções, cuja finalidade é a de ajustar seu comportamento às demandas situacionais. Essa habilidade parece ser uma adaptação evolutiva (p. ex., Davidson, 2003; Ekman, 2003; Izard, 1992; Lazarus, 1991) e está intimamente associada a processos de avaliação cognitiva que distinguem seres humanos de seres não humanos (p. ex., Frijda, 1986; Gross & John, 2003; Lazarus, 1991; Scherer & Ellgring, 2007). Thompson (1994, pp. 27-28) deu a seguinte definição à regulação emocional:

A regulação emocional consiste nos processos extrínsecos e intrínsecos empregados pelas pessoas para monitorar, avaliar e modificar reações emocionais, especialmente em seus atributos intensivo e temporal, a fim de alcançar objetivos pessoais.

Essa definição considera a regulação emocional como um construto amplo que inclui vários processos vagamente associados, e não como um conceito unitário. Mais especificamente, a definição sugere que: (1) a regulação emocional pode envolver a manutenção, a melhoria e a inibição de emoções; (2) a regulação emocional influencia vários aspectos da experiência emocional, incluindo sua valência, intensidade e características temporais; (3) as emoções não são modificadas somente por meio de estratégias de autorregulação, mas podem também ser reguladas por outras pessoas; (4) a regulação emocional envolve uma função (i.e., emoções são reguladas por uma razão e direcionadas a um objetivo). Com base nessa conceituação, Gross (2002) definiu a regulação emocional como o processo pelo qual as pessoas influenciam as emoções que elas têm, além de quando e como elas experienciam e expressam essas emoções.

REGULAÇÃO EMOCIONAL E ENFRENTAMENTO

A literatura recente acerca da regulação emocional está intimamente relacionada a uma literatura bem mais antiga que trata do enfrentamento (*coping*). O enfrentamento é definido como o esforço cognitivo e comportamental para manejar estressores (Lazarus, 1966, 1981, 2000; Lazarus & Folkman, 1984). Existem dois tipos de estratégias de enfrentamento principais: estratégias de enfrentamento focado no problema (cuja intenção é modificar a situação estressora) e estratégias de enfrentamento focado na emoção (cuja intenção é regular a resposta da pessoa em relação ao estressor). Essas duas estratégias podem ser empregadas individual ou simultaneamente (Lazarus & Folkman, 1984).

É difícil de se definir o estresse. Algumas das primeiras abordagens acerca do tema definiram-no como um estímulo ou agente que impõe demandas ao organismo, ou como uma resposta do organismo a um estímulo em particular. Outros teóricos distinguiram o *estressor* da *reação de estresse*; enquanto o *estressor* se refere ao evento externo e ao estímulo desencadeante, a *reação de estresse* se refere à resposta a esse estímulo (Frydenberg, 1997; Lazarus, 2000). Uma estratégia útil para diminuir o estresse é aplicar técnicas de relaxamento, como o relaxamento muscular progressivo (ver Apêndice II). Clientes que experienciam níveis elevados de estresse se beneficiam com frequência dessa técnica aplicada regularmente. O exercício físico regular é, de modo semelhante, benéfico para lidar com o estresse.

Um modelo integrativo de estresse foi proposto por Lazarus (p. ex., 1966). Nesse modelo, Lazarus definiu o estresse como uma transação dinâmica entre a pessoa e o ambiente, que é avaliada pela pessoa como desafiadora ou excessiva para o seu repertório e ameaçadora para o seu bem-estar. Esse modelo cognitivo-mediacional, de natureza transacional, enfatiza a avaliação cognitiva como um componente crucial do estresse. O modelo postula que eventos estressantes são percebidos como exigentes depois de uma avaliação cognitiva inicial. Assim, uma situação em particular não é, em si, *estressante*, mas é a avaliação subjetiva que se faz dela quanto ao seu caráter desafiador, ou de alguma outra forma exigente, que faz do estímulo ou evento algo estressante. Outros fatores importantes envolvidos incluem as crenças acerca da acessibilidade de estratégias de enfrentamento adequadas para lidar com os desafios estressantes. Além do mais, variações em traços de personalidade modulam essas avaliações e respostas (p. ex., Lazarus, DeLongis, Folkman, & Gruen, 1985).

O modelo considera que a mal-adaptação não é resultado somente do estresse, mas também da interação entre o ambiente e as vulnerabilidades e os recursos de que as pessoas dispõem. Essas variáveis pessoais determinam o *estilo de enfrentamento* do indivíduo, que é a maneira habitual de resposta ao estresse (Lazarus & Folkman, 1984). Enquanto o enfrentamento é visto como um processo consciente e intencional, os *estilos de enfrentamento*, que se desenvolveram a partir da tradição psicanalítica, são encarados como se tivessem, consideravelmente, natureza inconsciente. Portanto, a escolha e a sequência finais dos processos de enfrentamento não são determinadas apenas pela avaliação da situação (se esta pode ser modificada e/ou dominada), mas também pelos recursos que o indivíduo acredita ter (como saúde, traços de personalidade, crenças sobre controle e habilidades pessoais, suporte social e recursos materiais) e pelas limitações pessoais e ambientais que podem contrariar os esforços de enfrentamento, ou que dependem do uso de estratégias alternativas (Lazarus & Folkman, 1984).

REGULAÇÃO EMOCIONAL INTRAPESSOAL

As estratégias de enfrentamento focado na emoção, como definidas por Lazarus e colaboradores (p. ex., Lazarus & Folkman, 1984), incluem as estratégias de regulação emocional segundo Gross (2002) as definiu. Esse modelo de regulação intrapessoal da emoção teve grande influência na pesquisa clínica (para uma revisão, ver Gross, 2013). O modelo considera que as emoções podem ser reguladas em vários estágios dentro do processo de geração da emoção: (1) seleção da situação, (2) modificação da situação, (3) emprego da atenção, (4) modificação da avaliação cognitiva e (5) modulação de respostas. Estratégias de regulação emocional podem ser divididas, grosso modo, em *estratégias de regulação emocional focada na resposta* e *estratégias de regulação emocional focada no antecedente*, a depender de seu *timing* durante o processo generativo de uma emoção. Estratégias de regulação emocional focada no antecedente ocorrem antes que a resposta emocional tenha sido totalmente ativada. Elas incluem táticas como modificação da situação, emprego de atenção e recomposição cognitiva da situação. A supressão é uma estratégia de regulação emocional focada na resposta que ocasiona tentativas de alterar a expressão ou a experiência de emoções após as tendências de resposta terem sido iniciadas.

A expressão *estratégia focada no antecedente* não é tão precisa, pois sugere que a pessoa faz uso da estratégia *antes* que uma emoção surja. É mais preciso considerar que algumas estratégias são utilizadas em um *estágio inicial* para diminuir a intensidade ou modificar a qualidade de uma emoção, e não para prevenir a experiência de uma emoção.

Em geral, em experimentos envolvendo estratégias de regulação emocional intraindividual (p. ex., Gross, 1998a, 1998b), participantes saudáveis são orientados a olhar para imagens que diferem entre si quanto à sua importância emocional. Algumas dessas imagens (p. ex., a de uma mão humana amputada) podem desencadear fortes reações negativas em todas as pessoas, como o sentimento de nojo. As variáveis dependentes costumam incluir desconforto subjetivo e medidas psicofisiológicas de resposta antes, durante e depois da exposição às imagens. Dentro desse paradigma, Gross e colaboradores normalmente observavam que diferentes instruções sobre o que se devia fazer ao se olhar para essas imagens podem ter um efeito dramático sobre as respostas subjetivas e fisiológicas do observador.

De modo particular, diferentemente da supressão, a reavaliação leva a desfechos desejáveis com mais frequência. Por exemplo, participantes relataram menos desconforto e ativação quando foram orientados a recompor imagens emocionais de modo menos desconfortável. Em contrapartida, quando orientados a suprimir suas emoções enquanto viam imagens emocionais (p. ex., comportando-se de modo que ninguém seria capaz de dizer como o participante está se sentindo por dentro), os participantes experienciavam com frequência desconforto subjetivo e ativação psicofisiológica aumentados em comparação às pessoas que não tentavam suprimir suas emoções.

Emoção em terapia **83**

A supressão e a reavaliação são duas das estratégias de regulação mais amplamente pesquisadas. Gross (1998b) localiza essas estratégias em pontos distintos em seu modelo processual de emoção. A Figura 5.1 ilustra o processo do modelo de regulação emocional de Gross. A figura mostra os diferentes pontos do processo que gera a experiência emocional (o *processo generativo da emoção*). Depois que uma situação é selecionada, ela pode ser modelada para modificar seu impacto emocional (*modificação da situação*). Algumas situações não podem ser facilmente mudadas (S1x), ao passo que outras abrem espaço para certa mudança (S2x-S2z). Além do mais, as situações variam em seu nível de complexidade, com algumas sendo simples e caracterizadas por apenas um aspecto (a1), ao passo que outras são mais complexas e têm muitos aspectos (a1-a5). Em um estágio seguinte, o *emprego da atenção* pode ser utilizado para direcionar o foco de atenção. Durante o estágio de *avaliação cognitiva*, a pessoa seleciona possíveis significados (m1-m3 — "m" derivado do termo inglês "*meaning*") de uma situação. A depender dessa seleção, as tendências de resposta emocional emergem, estando associadas a reações comportamentais, experienciais e fisiológicas. Finalmente, durante o estado de *modulação da resposta*, o indivíduo pode influenciar as tendências de resposta depois de elas terem sido ativadas (p. ex., B, B+, B–). As setas em negrito exemplificam a estratégia de uma pessoa.

Até então, os resultados de investigações empíricas têm convergido no que se refere à interpretação das estratégias focadas no antecedente como métodos relativamente eficazes para regular emoções *em curto prazo*, ao passo que estratégias focadas na resposta tendem a ser contraproducentes (Gross, 1998b; 2002; Gross & John, 2003; Gross & Levenson, 1997).

Efeitos da regulação emocional intrapessoal desregulada

Mais recentemente, os autores têm explorado o papel da regulação e da desregulação emocional intrapessoal nos transtornos emocionais (para uma revisão, ver Aldao, Nolen-Hoeksema, & Schweizer, 2010), especialmente nos transtornos de ansiedade (Amstadter, 2008; Cisler, Olatunji, Feldner, & Forsyth, 2010; Hofmann, Sawyer et al., 2012; Mennin et al., 2005). Essa literatura sugere que indivíduos que apresentam desregulação emocional são mais propensos a desenvolver transtornos emocionais, como depressão, ou são vulneráveis ao desconforto emocional de maior duração e severidade do que pessoas que não demonstram essa desregulação. Por exemplo, demonstrou-se que participantes com ansiedade e transtornos do humor costumam ter mais dificuldade de aceitar seus afetos negativos em resposta a um filme desagradável, tendendo a suprimir suas emoções em maior grau do que participantes não ansiosos (Campbell-Sills, Barlow,

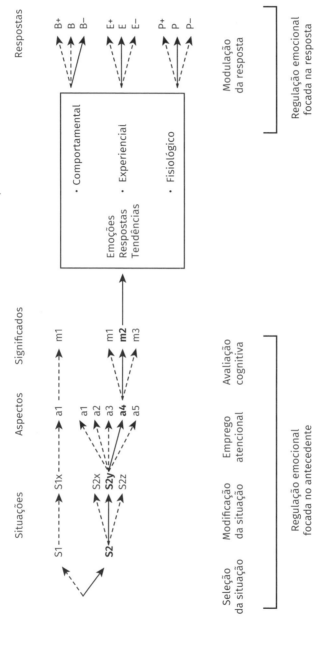

FIGURA 5.1 O modelo processual de regulação emocional de Gross. Extraída de Gross (1998b). Copyright 1998, American Psychological Association. Reimpressa com permissão.

Brown, & Hofmann, 2006a). Além disso, quando instruídos a suprimirem suas emoções, indivíduos com diagnósticos clínicos de ansiedade ou depressão relatam maior ativação autonômica do que aqueles instados a aceitarem suas emoções em resposta a um filme desagradável durante a fase de recuperação (i.e., solicitou-se, simplesmente, que os participantes se assentassem após terem assistido ao filme). Essa descoberta sugere que suprimir o material emocional torna o conteúdo mais intrusivo e persistente do que aceitar essa informação (Campbell-Sills, Barlow, Brown, & Hofmann, 2006b).

Efeitos similares foram encontrados também em indivíduos convidados a participar de uma tarefa de estresse social (Hofmann, Heering, Sawyer, & Asnaani, 2009). Nesse estudo, os participantes foram aleatoriamente distribuídos em grupos para que reavaliassem, suprimissem ou aceitassem sua ansiedade antecipatória antes de um discurso improvisado. As instruções para a supressão da ansiedade se mostraram associadas a um maior aumento na ativação fisiológica do que as instruções para reavaliação e aceitação. Mais adiante, o grupo de supressão relatou uma ansiedade subjetiva maior do que o grupo de reavaliação. Contudo, os grupos de aceitação e supressão não diferiram em sua resposta subjetiva de ansiedade. Essas descobertas sugerem que tanto a reavaliação quanto a aceitação da ansiedade são estratégias mais efetivas para moderar a ativação fisiológica do que a supressão, mas que a reavaliação é mais eficaz para moderar o sentimento subjetivo de ansiedade do que a supressão ou a aceitação. Esse estudo revelou que a reavaliação cognitiva da resposta emocional a um discurso improvisado é mais eficaz para moderar desconfortos subjetivos e ativações autonômicas do que tentativas de aceitar ou reprimir as mesmas respostas emocionais.

O paradoxo da supressão

Alguns estudos demonstraram os efeitos paradoxais da supressão na regulação da dor (Cioffi & Holloway, 1993), do desejo intenso (Szasz, Szentagotai, & Hofmann, 2011), da ansiedade (Hofmann et al., 2009), na regulação do constrangimento em participantes não clínicos (Harris, 2001) e em populações com transtornos de ansiedade e do humor (Campbell-Sills et al., 2006a, 2006b). Demonstrou-se, também, que instruções para a supressão de respostas emocionais desencadeadas por fotos atenuam a magnitude de susto (uma resposta fisiológica relacionada ao medo) em comparação com instruções para reavaliar ou aceitar as emoções (Asnaani, Sawyer, Aderka, & Hofmann, 2013).

As evidências relacionando a supressão de emoções com os aumentos no afeto negativo e na ativação fisiológica podem ser enquadradas no contexto mais amplo da literatura sobre a supressão de outros estados (p. ex., pensamentos, dor). Wegner, Schneider, Carter e White (1987) demonstraram que tentativas de suprimir pensamentos sobre um urso polar paradoxalmente aumentaram a frequência desses pensamentos durante um período subsequente à supressão em que os participantes tiveram a liberdade para pensar em qualquer tópico. Pesquisas posteriores estabeleceram ligações entre esse efeito rebote, enquanto um fenômeno laboratorial, e distúrbios clínicos. Por exemplo, a supressão de pensamentos foi associada com um aumento nas respostas eletrodérmicas a pensamentos emocionais (Wegner & Zanakos, 1994), sugerindo que essa estratégia eleva a ativação simpática. Também existem evidências demonstrando que tentativas de suprimir a dor são improdutivas (Cioffi & Holloway, 1993). Uma discussão mais pormenorizada da neurobiologia da regulação emocional é apresentada no Capítulo 8.

O aumento paradoxal aparente na ativação durante a tentativa de suprimir uma emoção é consistente com estudos que demonstram os efeitos paradoxais da supressão de pensamentos ou imagens. Dito de outro modo, quanto mais nós nos esforçamos para não nos sentirmos entediados por algo, mais esse algo irá nos entediar. Esse fenômeno pode ser observado praticamente em quaisquer estímulos, incluindo pensamentos, imagens, coisas em nosso ambiente (como uma goteira ou um relógio de ponteiro) e emoções.

O automonitoramento cognitivo necessário para suprimir o estímulo gera o efeito paradoxal de adicionar um caráter intrusivo e, em vista dessa intrusão, desagradável. Além do mais, a intrusão do estímulo suprimido tende a "colar" e permanecer durante o período subsequente à supressão, quando as pessoas se encontram, novamente, livres para pensar sobre qualquer tópico (Wegner & Zanakos, 1994). De forma similar, tentativas de suprimir a dor também são improdutivas (Cioffi & Holloway, 1993).

NA PRÁTICA: O PARADOXO DA SUPRESSÃO

Suprimir pensamentos, sentimentos e comportamentos leva a um efeito paradoxal, caracterizado pelo caráter intrusivo tomado por aquilo que está sendo suprimido, implicando uma valência negativa adicionada. O ato da supressão exige monitoramento, que força a pessoa a se atentar àquilo que ela mesma está tentando evitar. Isso pode ser demonstrado pelo teste do urso polar (Wegner et al., 1987). Em sua forma simplificada, a pessoa recebe as seguintes instruções: *(1) feche seus olhos e imagine um urso polar. Imagine-o com detalhes. (2) Durante 1 minuto, pense em tudo, menos nesse urso polar. (3) Sempre que o urso vir à sua mente, levante um dedo de suas mãos para manter o controle de quantas vezes você pensou no urso. Comece agora.*

Ursos polares não têm nenhum significado específico (e podem até estar associados a sentimentos positivos). Se um pensamento ou imagem tivesse significado pessoal ou valência negativa, sua supressão teria sido ainda mais desafiadora e teria evocado sentimentos negativos. Por exemplo, o pensamento intrusivo de matar o seu filho recém-nascido causaria desconforto extremo em uma mãe amorosa, parcialmente porque a imagem em si é desconfortável e parcialmente porque ela pode se preocupar que esse pensamento sugira que ela é uma pessoa louca ou má.

Sendo assim, tentativas de suprimir pensamentos ou sentimentos os tornarão mais intrusivos e perturbantes. Por essa razão, a vontade de rir só aumenta à medida que tentamos suprimi-la. De modo semelhante, a ativação fisiológica associada à raiva se torna mais forte à medida que tentamos suprimir a raiva. Em virtude de seu efeito paradoxal, a supressão geralmente se configura como uma estratégia de regulação emocional mal-adaptativa.

Adaptabilidade das estratégias de regulação emocional

Estratégias de supressão não raro são mal-adaptativas, ao passo que estratégias de reavaliação tendem a ser mais adaptativas, como será discutido detalhadamente no Capítulo 6. Entretanto, nenhuma estratégia em particular será sempre adaptativa ou mal-adaptativa (Bonnano & Burton, 2013). Em vez disso, a questão da adaptabilidade depende de muitos fatores, incluindo demandas situacionais, contexto, conquista de objetivos e o grau em que qualquer estratégia é empregada. Embora a tendência de suprimir os afetos seja comumente citada como exemplo de estratégia mal-adaptativa, pode-se pensar em muitas situações nas quais estratégias de supressão são adaptativas, se não essenciais, a fim de a pessoa se adequar às demandas situacionais. Por exemplo, é altamente adaptativo suprimir a raiva em algumas situações interpessoais vulneráveis ou suprimir a ânsia de cair na gargalhada durante o funeral de um amigo ou parente. Em contrapartida, estratégias de supressão podem ser mal-adaptativas se elas levam a efeitos não intencionais e contraproducentes. Por exemplo, tentativas de suprimir afetos aumentam a ativação fisiológica (Gross, 1998a; Gross & Levenson, 1997). Em contraste, tomar uma postura de aceitação em relação a emoções ativadoras sem que se tente mudá-las ou evitá-las tem se relacionado com uma persistência aumentada diante de situações desafiadoras e reduções no desconforto subjetivo (p. ex., Berking, 2010; Hayes, Luoma, Bond, Masuda, & Lillis, 2006; Leahy, Tirch, & Napolitano, 2011).

Uma explicação possível para o uso recorrente de estratégias de regulação emocional ineficazes é a aceitabilidade e a tolerância em relação a certas experiências emocionais (Salovey, Mayer, Goldman, Turvey, & Palfai, 1995). Algumas pessoas respondem ao surgimento das emoções avaliando-as como intoleráveis e, logo depois, engajando-se em evitação, dissimulação ou em outras intervenções contraproducentes focadas na resposta. Tratamentos desenvolvidos recentemente para os transtornos emocionais empregam técnicas para focar especificamente nesses julgamentos negativos de emoções e nos esforços de controle emocional mal-adaptativos (p. ex., Hayes, Strosahl, & Wilson, 1999; Segal, Williams, & Teasdale, 2002). Estratégias de *mindfulness* são frequentemente empregadas com o mesmo fim.

Processamento emocional

Alguns teóricos que examinaram o papel das emoções na psicoterapia adotaram um modelo de processamento de informação (p. ex., Greenberg, 2011; Greenberg & Safran, 1987). Esse modelo sugere as seguintes etapas terapêuticas: o reconhecimento do afeto, a criação de significado, a tomada de responsabilidade, a ativação do afeto e a modificação do afeto.

De modo similar, Foa e Kozak (1986) adotam uma perspectiva de processamento de informação em relação às emoções. Seu modelo de tratamento considera que as informações emocionais são armazenadas na memória na forma de uma rede. No caso do medo, a terapia de exposição atua integrando novas informações que são incompatíveis com informações existentes sobre a memória indutora de medo. Por exemplo, uma criança que tem medo de cães porque acredita que todos os cães são agressivos integrará informações novas e incompatíveis após interagir com um cão manso, levando a uma mudança na rede de medo existente que incorpora um senso de segurança (i.e., "interagir com cães é seguro"). Isso também vale para outras formas de problemas relacionados à ansiedade, incluindo comportamentos de medo e de evitação por parte de vítimas de traumas. O modelo considera que essa aprendizagem de segurança é resultado da ativação da rede de medo combinada com uma integração intensa de informações incompatíveis (i.e., relacionadas à segurança).

Uma estratégia relativamente simples para facilitar o processamento de emoções (i.e., "lidando com" a memória e experiência emocional) é o procedimento de *revelação pela escrita estruturada*, também chamado de *escrita expressiva* (Pennebaker, 1997). Experimentos examinando os benefícios da escrita expressiva costumam selecionar aleatoriamente participantes para a condição experimental (escrita expressiva) e para uma condição controle. Os participantes da condição experimental são orientados a escrever sobre experiências emocionalmente incômodas por 15 a 20 minutos diários, por 3 a 4 dias consecutivos, ao passo que os participantes do grupo controle são orientados a escrever sobre assuntos superficiais, como gerenciamento de tempo. Vários estudos descobriram que a escrita expressiva pode afetar positivamente a saúde mental e física. Por exemplo, mulheres com transtorno de estresse pós-traumático relataram menos sintomas depressivos depois de 4 semanas de escrita expressiva quando comparadas àquelas do grupo controle (Sloan & Marx, 2004). Uma vez que a condição de escrita expressiva inclui instruções para que as pessoas "se desprendam" e as expõe às suas emoções explorando os "pensamentos e sentimentos mais profundos" a respeito de eventos incômodos, é possível que a escrita expressiva contraponha os processos cognitivos mal-adaptativos, como a ruminação e a inquietação, enquanto expõe os indivíduos a sentimentos que foram previamente evitados. O Apêndice III fornece um exemplo clínico de escrita expressiva.

Escrever sobre emoções é uma estratégia eficaz para facilitar o processamento emocional. O ato de escrever e pensar a respeito de um evento emocional nos permite estabelecer certa distância entre as fontes de desconforto e formar uma perspectiva mais objetiva da situação ou do evento.

REGULAÇÃO EMOCIONAL INTERPESSOAL

O modelo de processo intrapessoal das emoções de Gross tem exercido grande influência no campo e estimulado muitas pesquisas. Contudo, ele não está imune a fraquezas. Primeiramente, o modelo é excessivamente mecanicista, unidimensional e unidirecional. Embora formulações recentes do modelo (p. ex., Gross & John, 2003) considerem o *feedback* positivo e as relações de reciprocidade, o modelo central identifica uma relação simples de *input-output* (entrada-saída) entre gatilhos e respostas, não diferente de um modelo nos moldes da caixa de Skinner (a despeito de sua ênfase em fatores cognitivos). Fatores situacionais, como contexto e expectativas, são totalmente ignorados pelo modelo. Além disso, algumas (se não a maioria) das experiências emocionais, como respostas imediatas de medo ou de agressão, não podem ser facilmente explicadas por esse modelo de processo, que sugere um processo lento e de vários passos que demanda tempo e deliberações. Por exemplo, é difícil explicar respostas imediatas de medo ou susto baseando-se no modelo de processo de vários passos de Gross. Finalmente, e mais importante, o modelo não considera processos interpessoais pelos quais as emoções podem ser reguladas (Aldao & Dixon-Gordon, 2014).

A regulação emocional tem sua origem em relacionamentos de apego iniciais. A expressão emocional de uma criança se torna o principal veículo pelo qual figuras de apego são avisadas das necessidades das crianças. Foi proposto que aquilo que começa como a regulação de necessidades fisiológicas básicas por meio da expressão de emoções gradualmente se transforma em regulação emocional (Hofer, 2006). Pesquisas sobre o apego demonstraram que crianças utilizam a base segura como um meio para regular suas emoções à medida que exploram o mundo (Bowlby, 1973, 1982). Quando aprendem que existe um lugar seguro ao qual recorrer quando se sentirem desconfortáveis, as crianças se tornam mais confiantes de que o mundo é um lugar seguro. Essa confiança aumentada é então associada à redução de ansiedade, permitindo às crianças que se afastem futuramente de sua zona de segurança por períodos prolongados (Ainsworth, Blehar, Waters, & Wall, 1978).

A regulação emocional se torna um aspecto fundamental da socialização humana por volta das idades de 3 e 6 anos, quando a regulação social se desenvolve. É este o período durante o qual uma criança aprende a responder baseada nos estados internos das outras pessoas, em vez de em seus comportamentos externos, e aprende a relacionar o *self* presente ao *self* passado, bem como ao *self* futuro (Higgins & Pittman, 2008). Esse processo de aprendizagem depende em grande medida do *input* ambiental na forma das reações verbais e não verbais dos cuidadores às emoções das crianças e das expressões e conversas dos pais sobre as emoções (Eisenberg, Spinrad, & Eggum, 2010; Posner & Rothbart, 2000). O processo se desenvolve no contexto da interação pais-filhos, com as influências internas e externas que agem sobre os envolvidos ao longo do tempo (Cassidy, 1994; Colee, Marto, & Dennis, 2004; Eisenberg et al., 2010). À medida que o funcionamento executivo se desenvolve, a regulação emocional se torna mais intencional e passa a demandar menos esforço (Derryberry & Rothbart, 1997). Assim, o desenvolvimento da regulação emocional se encontra intimamente relacionado às influências parentais e familiares desde cedo no curso do desenvolvimento, e essas influências começam a abarcar o contexto dos pares, estendendo-se pelo tempo (Lunkenheimer, Shields, & Cortina, 2007; Morris, Silk, Steinberg, Myers, & Robinson, 2007).

O desenvolvimento dos sistemas afetivo e cognitivo subjacentes à regulação emocional continua na adolescência (Silk, Steinberg, & Morris, 2005). Por exemplo, o relacionamento entre emoção e depressão adolescente é mediado pelas respostas encorajadoras dos pais às emoções (Yap, Allen, & Ladouceur, 2008). Algumas pesquisas chegaram a ligar os processos modeladores dos pais, implicados em sua própria regulação emocional, bem como suas respostas às emoções das crianças, ao desenvolvimento tanto da ansiedade quanto da depressão (Alloy et al., 2001; Eisenberg et al., 2010; Murray, Creswell, & Cooper, 2009).

Emoção em terapia **91**

É provável que os relacionamentos de apego adulto reflitam a relação crian-ça-cuidador em virtude das possíveis vantagens evolutivas do vínculo entre pa-res (Fraley & Shaver, 2000; Mikulincer & Shaver, 2007). Com isso, adultos são mais propensos a experimentar afeto negativo quando são isolados socialmente, ao passo que o vínculo social e a afiliação se encontram associados ao afeto po-sitivo (Coan, 2010, 2011). Essa breve discussão da literatura desenvolvimental salienta claramente a importância das relações sociais para a regulação emo-cional. Na verdade, a regulação emocional se desenvolve dentro de um contexto social, incorporando padrões e normas sociais. No curso do desenvolvimento, uma pessoa desenvolve estratégias para regular o *self* e as emoções. Estratégias de regulação inadequadas podem levar ao desconforto emocional. Além dis-so, demonstrou-se que o apoio social é um preditor geral importante da saúde psicológica. O apoio social se refere aos recursos psicológicos e materiais ne-cessários para reforçar a habilidade de uma pessoa para lidar com o estresse (Cohen, 2004). A solidão percebida e o isolamento social, expressões extremas de suporte social empobrecido, são preditores robustos da saúde emocional, es-pecificamente da depressão (Cacioppo & Hawkley, 2003; Joiner, 1997). Em con-trapartida, o apoio social serve de importante regulador do estresse psicológico, contribuindo com a resiliência perante adversidades.

A natureza do apoio social pode ser instrumental (p. ex., coisas materiais), informacional (p. ex., aconselhamento para facilitar o enfrentamento ou a re-solução de problemas) e emocional (p. ex., empatia). O apoio social percebido parece ser mais importante do que o apoio social recebido (representado) para a saúde emocional (Haber, Cohen, Lucas, & Baltes, 2007; Lakey, Orehek, Hain, & Van Vleet, 2010), como no caso da depressão (p. ex., Brown & Harris, 1978; George, Blazer, Hughes & Fowler, 1989; Stice, Ragan, & Randall, 2004; Travis, Lyness, Shields, King, & Cox, 2004). Entretanto, o mecanismo pelo qual o apoio social afeta o bem-estar emocional não é bem compreendido. Foi proposto que a regulação emocional interpessoal pode servir de mecanismo proximal pelo qual o apoio social afeta o bem-estar emocional (Marroquín, 2011).

Um sistema de regulação emocional interpessoal proposto recentemente (Hofmann, 2014; Zaki & Williams, 2013) distingue entre as estratégias de re-gulação emocional intrapessoal *intrínseca* e *extrínseca* e *independente de resposta* e *dependente de resposta*. A *regulação interpessoal intrínseca* se refere ao processo por meio do qual as emoções de uma pessoa são reguladas com o auxílio de outras pessoas. Já a *regulação emocional extrínseca* é o processo por meio do qual a pessoa regula as emoções de outras pessoas. Esses processos podem ser dependentes de resposta ou independentes de resposta. Eles são dependentes de resposta se se respaldam em uma resposta específica de outra pessoa, e são independentes de resposta se não demandam que a pessoa com quem se interage responda de qualquer maneira específica (ou se a pessoa com quem se interage não tenha capacidade de fazê-lo).

No caso da regulação emocional interpessoal *intrínseca*, uma pessoa deseja regular sua emoção por meio da ajuda de outra pessoa. Um exemplo disso é Kathleen, uma mulher com transtorno de pânico e agorafobia que tem medo de ir ao *shopping* sozinha. Kathleen só consegue ir ao *shopping* com seu marido ou com um amigo médico (doutor Smith) ao seu lado. Pedindo ao seu marido ou ao dr. Smith que a acompanhem ao *shopping*, Kathleen consegue regular (i.e., reduzir) sua ansiedade. A ansiedade de Kathleen é regulada via fatores interpessoais sutilmente distintos representados por seu marido e por seu amigo.

Os motivos de Kathleen para ter seu marido e o dr. Smith ao seu lado são um pouco diferentes. Sentir a presença do marido amado basta para que Kathleen se sinta mais calma, mesmo que ele seja incapaz de responder eficazmente de algum modo específico caso ela passe por uma emergência médica ("Você me apoiará"). De modo similar, o marido de Kathleen pode sugerir a ela que ele a acompanhe ao *shopping* pela mesma razão ("Perceba meu amor"). O primeiro é um exemplo de regulação emocional interpessoal intrínseca independente de resposta, e o último, de regulação emocional interpessoal extrínseca dependente de resposta.

Diferentemente de seu marido, o amigo de Kathleen, dr. Smith, tem treinamento médico e poderia intervir de modo eficaz caso Kathleen passasse por alguma emergência médica, configurando-se como um exemplo de *regulação emocional dependente de resposta*. A depender de a regulação ser motivada por Kathleen ("Você me salvará") ou pelo dr. Smith ("Preciso fazer com que você se sinta melhor"), podemos, novamente, distinguir entre *regulação emocional intrínseca dependente de resposta* e *extrínseca dependente de resposta*. De modo similar, esses processos ortogonais criam uma matriz 2 por 2: processos extrínsecos *versus* intrínsecos, que são ou dependentes de resposta ou independentes de resposta (Figura 5.2).

Assim como estratégias intrapessoais de regulação emocional podem ser mal-adaptativas ou adaptativas, estratégias interpessoais também podem ser adaptativas (se servirem como reguladoras de estresse emocional) ou mal-adaptativas (se contribuírem com a manutenção do problema). A presença de uma pessoa de segurança é um exemplo de uma estratégia de regulação emocional mal-adaptativa. Uma pessoa de segurança oferece a Kathleen um senso de segurança, levando à redução de seu medo, geralmente associado a adentrar o *shopping*, agindo, assim, como uma estratégia de regulação emocional. Clinicamente, esta é considerada uma estratégia mal-adaptativa, pois a presença

Classe de regulação

		Intrínseca	Extrínseca
Mecanismos	**Independentes de resposta**	"Você me apoiará." Kathleen pede a seu marido que a acompanhe ao *shopping*.	"Perceba meu amor" O marido de Kathleen sugere a ela que o deixe acompanhá-la ao *shopping*.
	Dependentes de resposta	"Você me salvará." O Dr. Smith concorda em acompanhar Kathleen ao *shopping* para que possa intervir em caso de emergência.	"Preciso fazer com que se sinta melhor." O Dr. Smith se oferece para acompanhar Kathleen ao *shopping* para caso ocorra uma emergência.

FIGURA 5.2 Exemplos de estratégias de regulação emocional interpessoal. Kathleen sofre de transtorno de pânico e agorafobia e tem medo de ir ao *shopping*.

da pessoa de segurança tem como efeito a manutenção do medo irracional de Kathleen de entrar no *shopping*. A utilização frequente ou habitual de estratégias de regulação emocional interpessoal pode, em tese, reduzir o senso de controle do cliente em relação à sua própria experiência emocional. Portanto, a regulação emocional interpessoal pode se tornar mal-adaptativa caso um cliente fique dependente de pessoas ou grupos sociais específicos para regular seu próprio afeto.

Uma perspectiva transdiagnóstica interessante dos transtornos emocionais vem à tona quando estendemos a regulação emocional de modo a incluir processos interpessoais. Mais adiante, essa postura considera o contexto (social) mais amplo das experiências comportamentais e emocionais de um indivíduo. A despeito dessas vantagens, um modelo de regulação emocional interpessoal mostra muitas fraquezas. A primeira consiste na falta de instrumentos disponíveis para mensurar estratégias de regulação emocional interpessoais. Com isso, a evidência empírica direta do impacto dessas estratégias sobre o desconforto emocional é relativamente fraca. Qualquer instrumento de acesso precisará considerar a influência do contexto cultural, pois as estratégias de regulação emocional interpessoal estão relacionadas diretamente aos padrões e às expectativas culturais. Por fim, permanece desconhecida a forma pela qual as estratégias de regulação emocional interpessoal e intrapessoal interagem entre si, além de a importância relativa desses grupos de estratégias combinados permanecer inexplorada.

Regulação emocional interpessoal nos transtornos de ansiedade

Em relacionamentos próximos, a regulação emocional das pessoas provavelmente não se limitará às estratégias de regulação intrapessoal, mas incluirá, também, estratégias interpessoais. Para aqueles com transtornos crônicos, essas estratégias provavelmente serão mal-adaptativas, contribuindo para a manutenção dos transtornos. No caso dos transtornos de ansiedade, comportamentos de evitação são um dos principais fatores de manutenção (p. ex., Barlow, 2002; Foa & Kozak, 1986; Solomon & Wynne, 1953). A presença de pessoas de segurança é um exemplo dessa estratégia de evitação. Enquadradas no modelo de regulação emocional interpessoal, as pessoas de segurança contribuem para a manutenção de um transtorno de ansiedade ao servirem de estratégias de regulação emocional interpessoal dependente de resposta e independente de resposta.

Quer intencionalmente ou não, a pessoa de segurança reduz o desconforto do cliente incutindo-lhe um senso de segurança. Por meio da exposição repetida e prolongada à ameaça na falta de sinais de segurança (p. ex., pessoas de segurança) e de comportamentos de evitação, o indivíduo se torna capaz de reavaliar o perigo percebido de uma situação, levando a mudanças na expectativa de dano e na aflição ansiosa (p. ex., Hofmann, 2008). Essas mudanças tendem a ocorrer mais se as pistas internas de medo e outros contextos significativos são sistematicamente produzidos (p. ex., Bouton, Mineka, & Barlow, 2001) e se o desfecho da situação temida é inesperadamente positivo, pois isso força a pessoa a reavaliar a ameaça real da situação.

A extinção pode ser compreendida mais precisamente como um novo processo de aprendizagem (p. ex., a aquisição de um senso de segurança em uma situação social), em vez de um enfraquecimento de uma associação prévia de medo aprendido. O modelo interpessoal de regulação emocional fornece um sistema teórico dentro do qual se pode compreender o contexto interpessoal e social que contribui para a manutenção da ansiedade. Educar o parceiro do cliente sobre seu papel nesse processo pode vir a fortalecer a eficácia dos procedimentos de exposição. O que se segue é um diálogo entre Kathleen, uma cliente com transtorno de pânico e agorafobia, Mike, seu marido, e o terapeuta.

NA PRÁTICA: A PESSOA DE SEGURANÇA

TERAPEUTA: É um prazer finalmente conhecê-lo, Mike. A Kathleen me falou muito bem de você.

MIKE: Também é um prazer conhecê-lo.

TERAPEUTA: A Kathleen chegou a comentar o porquê de eu ter sugerido esta sessão?

MIKE: Sim. Ela disse que o senhor quer conversar comigo sobre como posso ajudá--la com o problema de pânico.

TERAPEUTA: É isso aí. Como você sabe, Kathleen tem se esforçado bastante durante algumas exposições entre as nossas sessões, e você tem a ajudado bastante.

MIKE: Isso mesmo. Nós até fizemos um caminho mais longo até o consultório do senhor para passarmos pela ponte Zakim duas vezes.

TERAPEUTA: Que maravilha. Como foi a experiência, Kathleen?

KATHLEEN: Acho que foi muito boa. Ainda fiquei nervosa, mas consegui fazer o que precisava. Eu fico muito feliz com a companhia do Mike.

TERAPEUTA: Você acha que teria conseguido sem o Mike no carro?

KATHLEEN: Não sei ao certo; talvez. Realmente me ajuda quando ele está lá.

TERAPEUTA: É muito bom que você se sinta tão confortável com o Mike por perto. Você obviamente tem um relacionamento que lhe dá muito apoio, e isso, claramente, é muito especial. Vocês se importam um com o outro. A presença de Mike certamente torna as exposições mais fáceis para você. Nós observamos isso também com muitos outros exercícios que fizemos nas semanas que se passaram. Você consegue enxergar algo de errado nisso?

KATHLEEN: O senhor diz isso em relação ao Mike me apoiar tanto?

TERAPEUTA: Não, eu não penso que haja nada de errado com o fato de Mike ser um marido que a apoia no geral. Isso é de fato maravilhoso. O que quero dizer é: você acha que existe algum problema em ter o Mike ao seu lado durante as exposições? Qual é a diferença entre ter o Mike ao seu lado e fazer as exposições sozinha? Qual é mais difícil?

KATHLEEN: Ah, claramente quando eu tenho que fazê-las sozinha.

TERAPEUTA: Por quê?

KATHLEEN: Porque o Mike faz eu me sentir melhor.

TERAPEUTA: Mike, o que você acha?

MIKE: Eu vou fazer o que for necessário para vencer tudo isso.

TERAPEUTA: Certo, e é essa a razão de eu ter pedido que você se juntasse a nós nesta sessão. O pânico é uma experiência terrível. Ele nos deixa muito debilitados, e eu entendo completamente por que você quer acompanhar a Kathleen em suas exposições, e por que ela quer sua presença nesses momentos. Faz sentido em curto prazo porque as exposições ficam mais suportáveis. Porém, isso também coloca diante de nós um sério problema em longo prazo. A presença de Mike facilita as exposições para Kathleen, pois ele se tornou aquilo que chamamos de *pessoa de segurança*. Esse termo soa bem, mas é realmente

> um grande problema. Ter uma *pessoa de segurança* ao seu lado durante uma exposição é uma forma específica de evitação. Você não está evitando a situação em si, mas está evitando confrontar sua ansiedade por conta própria, e você continuará a sentir medo da mesma situação a não ser que consiga enfrentar seu medo sem quaisquer estratégias de evitação. Kathleen, por que você não explica para o Mike como a evitação mantém a ansiedade? Gostaria que o Mike se tornasse meu terapeuta auxiliar para nos ajudar com as exposições entre as sessões, e acho que precisamos atualizá-lo sobre o que temos conversado.

Regulação emocional interpessoal nos transtornos do humor

Embora exista bastante literatura examinando a associação entre depressão e interação conjugal, os achados são ambíguos e contraditórios (para uma revisão, ver Rehman, Gollan, & Mortimer, 2008). O conflito conjugal e a depressão estão intimamente associados e interconectados (p. ex., Fincham, Beach, Harold, & Osborne, 1997). A maioria dos estudos nessa área examina a comunicação dentro de um paradigma de conflito ou resolução de problemas. Esses estudos sugerem que a comunicação conjugal dentro de um relacionamento em que um dos esposos está deprimido é caracterizada por uma comunicação negativa mais frequente e uma comunicação positiva menos frequente (Johnson & Jacob, 1997; Rehman et al., 2008). Portanto, a maioria dos estudos de intervenção tentaram aperfeiçoar padrões de comunicação utilizando princípios comportamentais. Contudo, esses estudos tiveram resultados decepcionantes (p. ex., Rehman et al., 2008).

Alvos distintos de intervenção emergem quando se adota a posição da regulação emocional interpessoal. Por exemplo, demonstrou-se que comportamentos prestativos de maridos foram enxergados como menos positivos pelas esposas que tinham sintomas depressivos (Pasch, Bradbury, & Davila, 1997). De modo similar, a comunicação mal-adaptativa não se mostrou consistentemente associada à depressão, mas dependente do estado emocional da esposa: esposas se comunicaram de maneira mais negativa com seus maridos em uma tarefa de resolução de problema apenas quando relataram sintomas depressivos e foram expostas à indução de humor negativo (Rehman, Ginting, Karimiha, & Goodnight, 2010). Dito de outra forma, o estado emocional da esposa moderou o relacionamento entre conflito conjugal e depressão. Portanto, treinamentos de comunicação tendem a não ser bem-sucedidos a não ser que o relacionamento

Emoção em terapia **97**

funcional entre os comportamentos do parceiro e as emoções da cliente esteja sendo tratado (i.e., como o parceiro contribui com as estratégias de regulação emocional mal-adaptativas da cliente?). Por exemplo, o marido pode empregar a regulação emocional interpessoal extrínseca em relação à esposa a fim de lidar com sua própria frustração no trabalho. O marido de Kathleen pode reforçar sua dependência dele para compensar sua própria insegurança e medo de que ela possa deixá-lo caso ela se torne mais independente. Promover o treinamento de comunicação e de resolução de problemas sem considerar esses processos de regulação emocional interpessoal pode até acentuar o problema atual do cliente. O caso de Kathleen ilustra esses processos e mecanismos de regulação emocional interpessoal.

RESUMO DE PONTOS CLINICAMENTE RELEVANTES

- A regulação emocional envolve a manutenção, o aprimoramento e a inibição de emoções. Ao regularmos nossas emoções, somos capazes de influenciar a valência, a intensidade e as características temporais de uma emoção. Emoções não são modificadas apenas por meio de estratégias de autorregulação, mas podem também ser reguladas por outras pessoas. A regulação emocional envolve uma função (i.e., as emoções são reguladas por uma razão e são dirigidas para um objetivo).

- A regulação emocional intrapessoal pode ser dividida de modo geral em estratégias *focadas na resposta* e *focadas no antecedente*, a depender do *timing* durante o processo generativo da emoção. Estratégias de regulação emocional focada no antecedente ocorrem antes de a resposta emocional ter sido totalmente ativada e incluem a modificação, o emprego de atenção e a recomposição cognitiva de uma situação. De forma contrária, estratégias de regulação emocional focada na resposta abarcam tentativas de alterar a expressão ou a experiência de emoções após as tendências de resposta terem sido iniciadas, como a supressão e outras estratégias de evitação experiencial.

- Estratégias de regulação emocional por si sós não são boas nem ruins. Sendo assim, sua eficácia depende da adaptabilidade de uma estratégia de regulação emocional a uma demanda situacional específica e à conquista de um objetivo.

- A regulação emocional não envolve apenas processos intrapessoais, mas também processos interpessoais. Estes podem resultar em um equilíbrio mal-adaptativo, levando à manutenção de transtornos emocionais.

6

Avaliação e reavaliação

Embora as emoções pareçam ocorrer de maneira automática, nós temos, sim, controle sobre elas — pelo menos em certo grau. A reavaliação é, de modo geral, a estratégia de regulação emocional intrapessoal mais eficaz (i.e., com frequência, a mais adaptativa). A reavaliação de estímulos que desencadeiam emoções se relaciona intimamente com os processos centrais da terapia cognitiva, tendo sido descrita e introduzida na psicoterapia moderna por Beck (1979) e Ellis (1962). A resposta emocional a um evento depende da interpretação que se faz dele, a qual é influenciada por muitos fatores, incluindo os esquemas da pessoa, seu contexto, suas experiências passadas, e assim por diante. Esses fatores fornecem o filtro que determina qual interpretação (e, portanto, qual reação emocional) é mais provável. Um evento ambiental recente em Boston ilustra esse ponto. Poucos dias antes de eu ter escrito este parágrafo, o estado de Virgínia e o distrito de Columbia passaram por um grande terremoto de magnitude 5.3, cujas ondas se estenderam para o nordeste, chegando a Boston e a Nova Iorque. Os tremores em Boston foram mínimos, sem causar danos, mas duraram 20 segundos e foram claramente notados.

De acordo com o contexto, o pequeno terremoto foi interpretado de várias maneiras por várias pessoas. Alguém da minha academia pensou que o leve movimento que sentiu sob seus pés sugeria uma crise, possivelmente um acidente vascular cerebral ou um ataque cardíaco. Uma amiga atribuiu ao projeto de construção do metrô próximo à sua casa a explicação para os tremores. Ambas as interpretações iniciais se mostraram equivocadas e foram substituídas por uma interpretação mais precisa tão logo novas informações apareceram.

Contexto, experiência passada e conhecimento prévio contribuíram para as interpretações iniciais errôneas do evento (p. ex., exercício intenso pode causar um acidente vascular cerebral, que pode estar associado a percepções estranhas e problemas de movimento; obras no sistema de metrô podem fazer os prédios balançarem). Além disso, essas interpretações distintas conduziram a respostas emocionais também distintas. A pessoa na academia se assustou, e minha amiga se irritou.

ABORDAGEM COGNITIVO-COMPORTAMENTAL

A abordagem cognitivo-comportamental no tratamento dos transtornos emocionais se baseia na premissa de que nossas respostas comportamentais e emocionais são determinadas pela avaliação de situações e eventos, e não pelas situações e eventos em si mesmos. Dito de outro modo, só ficamos ansiosos, com raiva ou tristes quando pensamos que há uma razão para ficarmos ansiosos, com raiva ou tristes. Então, não é a situação *per se*, mas, antes, nossas percepções, expectativas e interpretações (i.e., a avaliação cognitiva) dos eventos que desencadearam as emoções. Essa premissa pode ser ilustrada pelo seguinte exemplo dado por Beck (1979):

> Uma dona de casa ouve uma porta bater. Muitas hipóteses lhe ocorrem: "Pode ser a Sally voltando da escola"; "Pode ser um ladrão"; "Pode ser que o vento tenha fechado a porta". A hipótese privilegiada dependerá da consideração de todas as circunstâncias relevantes. O processo lógico de testagem de hipóteses pode ser, contudo, interrompido pela tendência psicológica da dona de casa. Se seu pensamento estiver dominado pelo conceito de perigo, ela poderá chegar imediatamente à conclusão de que se trata de um ladrão. Ela faz uma inferência arbitrária. Embora essa inferência não esteja necessariamente incorreta, ela se baseia principalmente em processos cognitivos internos, e não em informações reais. Se, então, corre e se esconde, ela adia ou abdica da oportunidade de refutar (ou confirmar) a hipótese. (pp. 234-235)

Resumindo, o mesmo evento inicial (escutar o bater da porta) pode desencadear respostas emocionais bem distintas, a depender de como a pessoa interpreta o contexto situacional. O bater da porta em si não desencadeia emoções de nenhum tipo. Contudo, se a mulher considerou que a batida sugeria que um ladrão havia entrado em sua casa, ela provavelmente experienciou medo, pois, nesse caso, a batida sinalizaria um perigo em potencial. A probabilidade dessa interpretação aumentaria ainda mais caso a situação ocorresse após ela ter assistido a um filme de terror ou de ter lido sobre ladrões no jornal. Ela também teria mais chances de chegar a essa conclusão se sua crença central (também chamada de *esquema*) se manifestasse na avaliação de que o mundo é um lugar perigoso. Seu comportamento, é claro, seria bem diferente caso ela pensasse que o evento não tinha significância especial ou caso a batida da porta representasse um evento alegre ou neutro (p. ex., a chegada de seu marido).

No contexto da terapia cognitiva, os pressupostos acerca de eventos e situações são frequentemente chamados de *pensamentos automáticos*, pois ocorrem espontaneamente, sem muita reflexão ou raciocínio prévios (p. ex., Beck, 1979). Esses pensamentos se encontram enraizados em crenças centrais gerais e abrangentes, ou *esquemas*, que a pessoa tem sobre si mesma, sobre o mundo e sobre o futuro. As crenças centrais ou esquemas determinam como uma pessoa poderá interpretar uma situação específica e, portanto, o alcance e a probabilidade de pensamentos automáticos específicos. Os pensamentos automáticos específicos contribuem com a avaliação cognitiva mal-adaptativa da situação ou evento por parte da pessoa, gerando uma resposta emocional. A palavra *mal-adaptativa* sugere, aqui, que a avaliação não serve a uma função adaptativa. *Adaptativa*, nesse contexto, refere-se à habilidade de se adaptar aos desafios da vida de modo geral.

Outras cognições são manifestadas na forma de *autodeclarações*, pois são declarações que a pessoa faz a si mesma a fim de interpretar os eventos no mundo exterior (Ellis, 1962). Em seu modelo A-B-C, Ellis ilustra a relação entre esses eventos, cognições e respostas emocionais. Nesse modelo, A significa o evento antecedente (a porta batendo), B, a crença ("Deve ser um ladrão"), e C, a consequência (medo). Se o pensamento ocorre de forma tão rápida e automática a ponto de a pessoa reagir quase que em reflexo ao evento ativador, sem reflexão crítica, B também pode significar *branco* ("inexistente"). A não ser que a cognição esteja no centro da consciência da pessoa, pode se tornar difícil identificá-la. É essa a razão por que Beck se refere a ela como um pensamento *automático*. Assim, um terapeuta cognitivo encoraja o cliente a relatar um cenário específico ou uma circunstância que precedeu um humor rebaixado, por exemplo. O terapeuta e o cliente cuidadosamente observam a sequência de eventos e a resposta do cliente a eles, identificam quaisquer pensamentos automáticos que podem estar por trás de sua resposta e exploram o sistema de crenças subjacentes que sustenta esses pensamentos.

A despeito de algumas pequenas diferenças entre os modelos de Ellis e Beck, ambos salientam a ideia de que cognições distorcidas ocupam o centro dos problemas psicológicos. Essas cognições são consideradas distorcidas porque são percepções e interpretações errôneas de situações e eventos, com frequência não refletem a realidade, são mal-adaptativas e causam desconforto emocional, problemas comportamentais e ativação fisiológica inconveniente. Os padrões específicos de sintomas fisiológicos, desconforto emocional e comportamentos disfuncionais que resultam desse processo são interpretados como síndromes de transtornos mentais. Um modelo geral de reavaliação, baseado nas conceitualizações de Beck (1979) e Ellis (1962), é apresentado na Figura 6.1.

Esse modelo mostra como traços cognitivos mal-adaptativos, que são com frequência crenças gerais (esquemas), podem causar estados cognitivos mal-adaptativos específicos. Os estados de cognições mal-adaptativas podem ser automáticos quando a atenção é alocada para certos gatilhos, como situações, eventos, sensações ou até outros pensamentos. Os processos que causam a alocação de atenção para esses estímulos podem ocorrer em nível subconsciente e frequentemente demonstram um grau elevado de automaticidade. Por exemplo, as pessoas com transtorno de pânico comumente são hipervigilantes quanto às próprias mudanças corporais sutis e com frequência rastreiam de modo subconsciente seus corpos em busca de possíveis anormalidades. Uma vez que a pessoa está consciente do foco de sua atenção, os gatilhos são interpretados e avaliados. Essa avaliação leva, então, a uma experiência subjetiva, a sintomas fisiológicos e a uma resposta comportamental associada à emoção. Por exemplo, a maioria das pessoas não está consciente das palpitações cardíacas induzidas pela cafeína presente em uma generosa xícara de café. Diferentemente, o cliente com transtorno de pânico que acabou de tomar uma generosa xícara de café

FIGURA 6.1 Modelo cognitivo-comportamental geral. Extraída de Hofmann (2011). Copyright 2012, Wiley & Sons. Adaptada com permissão.

poderá interpretar suas palpitações como sinal de um ataque cardíaco iminente, em vez de uma resposta inofensiva ao café. Um outro exemplo é a pessoa que acredita na declaração "Sou socialmente incompetente"; ela é mais propensa a interpretar um evento (p. ex., um membro da audiência bocejando quando ela está realizando a apresentação) de uma maneira consistente com aquela crença: "Ele sempre boceja porque eu não tenho habilidades sociais". Essa interpretação da situação leva então à experiência subjetiva (medo e constrangimento), a sintomas fisiológicos (aceleração do ritmo cardíaco) e a respostas comportamentais (gagueira). Esses sintomas e respostas podem distrai-la durante o desempenho da tarefa específica, fortalecendo depois a avaliação cognitiva mal-adaptativa da situação e do esquema que a pessoa tem de ser incompetente e estabelecendo ciclos viciosos de *feedback* positivo.

É curioso que o ciclo de *feedback* positivo pode também ser reforçado por raciocínios emocionais, que são um processo cognitivo mal-adaptativo que utiliza a experiência emocional da pessoa como evidência para a validade de um pensamento (Bem, 1967; Festinger & Carlsmith, 1959; Schachter & Singer, 1962). Por exemplo, uma pessoa que tem medo de cães pode acreditar que esse medo é uma evidência para a noção de que esses animais devem ser perigosos. O raciocínio emocional estabelece um ciclo de *feedback* positivo ao fazer a consequência de um pensamento (p. ex., medo de cães) se tornar um antecedente do mesmo pensamento (p. ex., cães são perigosos). Esse tipo de ciclo de *feedback* positivo pode ser visto em muitos transtornos emocionais.

Pode parecer artificial dividir a resposta emocional em experiência subjetiva, fisiologia e comportamento, e algumas escolas de pensamento em psicologia acreditam que essa separação é desnecessária. Por exemplo, representantes da análise do comportamento podem argumentar que todas as respostas a um evento ou a uma situação são respostas comportamentais, não sendo útil, pois, considerar que a avaliação cognitiva precede a resposta, ou que respostas subjetivas e fisiológicas são distintas de outras respostas comportamentais notórias. Entretanto, como foi demonstrado ao longo deste livro, há evidências suficientes apoiando o modelo cognitivo-comportamental. Além disso, ele é um modelo clinicamente útil quando se está formulando estratégias específicas de intervenção.

Os três componentes — experiência subjetiva, fisiologia e comportamento —, em conjunto, formam um sistema, mas podem ser abordados separadamente. No caso da ansiedade, o componente comportamental com frequência se manifesta na forma de estratégias de evitação, a fim de aperfeiçoar ou eliminar o estado desagradável que a pessoa experiencia. Outras estratégias de evitação podem ser experienciais por natureza. Por exemplo, a pessoa pode evitar a experiência subjetiva ou as sensações fisiológicas de uma resposta emocional, em vez de evitar a situação *per se*. Contudo, estratégias de evitação são mal-adaptativas e levam à manutenção do problema, pois não permitem que o sistema mude pela consideração de qualquer evidência contrária. Além do mais, o raciocínio emocional fortalece o ciclo de *feedback* positivo, estabilizando, mais tarde, o sistema. No centro desse sistema, porém, estão os pensamentos mal-adaptativos. Esses pensamentos servem de gatilhos e medeiam a resposta a eventos em nosso ambiente.

AVALIAÇÃO MAL-ADAPTATIVA

O raciocínio humano é composto de dois sistemas cognitivos separados. O sistema 1 é intrusivo, rápido, de baixo esforço e baseado em associações, ao passo que o sistema 2 é deliberado, lento, esforçado e lógico (Kahneman, 2011). Os dois sistemas cognitivos podem ser mal-adaptativos e instigar ou elevar o desconforto emocional. As estratégias da terapia cognitivo-comportamental (TCC) adereçam ambos os sistemas ao encorajarem a pessoa a se tornar alguém que pensa racional e criticamente, identificando e modificando crenças mal-adaptativas.

Como dito anteriormente, crenças *mal-adaptativas* são chamadas assim porque não servem a uma função adaptativa, ao passo que as crenças *adaptativas* são úteis para a adaptação aos desafios da vida de modo geral. A vida é preciosa e pode ser breve e inesperada; coisas indesejáveis e mesmo traumáticas podem fazer parte dela. Relacionamentos podem terminar, e alguém pode perder seu emprego ou desenvolver uma doença crônica grave. Nenhuma dessas tragédias ocorre com frequência, felizmente, mas é incomum que alguém viva uma vida isenta de eventos negativos. Para piorar, não importa quão felizes somos em dado momento, tudo eventualmente chegará ao fim; mais cedo ou mais tarde, nós, aqueles que amamos e o restante da humanidade deixarmos de existir.

Claramente, existem várias razões para nos deprimirmos. No entanto, a maioria das pessoas que enfrenta adversidades não se deprime, a despeito dos desafios e da própria natureza da vida. Uma diferença crucial entre as que permanecem emocionalmente saudáveis, felizes e resilientes e as que entram em depressão e se sentem emocionalmente esgotadas é a perspectiva que adotam diante desses eventos, do futuro e da vida no geral. As pessoas que permanecem saudáveis emocionalmente na presença de adversidades com frequência demonstram um viés positivo em relação a eventos e são mais otimistas em relação ao futuro. Elas também são mais propensas a atribuir eventos positivos a elas mesmas e atribuir eventos negativos a outras causas (Menzulis, Abramson,

Hyde, & Hankin, 2004). Esse *viés de atribuição autocentrado* com frequência se encontra em falta ou deficiente em pessoas que estão esgotadas emocionalmente. Indivíduos com depressão frequentemente tendem a atribuir eventos negativos a causas internas (algo sobre si mesmos), estáveis (resistentes) e globais (gerais), como, por exemplo, falta de habilidade, falhas pessoais. Adotar esse estilo atributivo faz a pessoa concluir que os eventos negativos têm chance de acontecer novamente no futuro em uma ampla gama de domínios, levando a uma desesperança generalizada (Abramson & Seligman, 1978).

Além de terem um viés de atribuição autocentrado, pessoas saudáveis apresentam um viés que enfatiza os aspectos positivos de uma situação, e não os atributos negativos, experienciando uma ilusão de controle sobre o futuro (Alloy & Clements, 1992). É possível argumentar que a depressão, por exemplo, é, em parte, resultado de uma falha em vieses cognitivos positivos, possivelmente resultando em uma avaliação mais realista, porém mal-adaptativa, da natureza incontrolável e imprevisível dos eventos. Essa ideia ficou conhecida também como *realismo depressivo* (Alloy & Clements, 1992; Mischel, 1979; Moore & Fresco, 2012) e se mostra consistente com a noção de que, em contraste com pessoas com depressão, as pessoas saudáveis apresentam um grau notável de resiliência quando confrontadas por adversidades. As pessoas farão uso, com frequência, de seu estado presente como base para prever como poderão se sentir no futuro caso um evento em particular ocorra (Gilbert & Wilson, 2007). Devido à nossa tendência de nos prendermos ao momento presente, também tendemos a ser imprecisos em nossas previsões afetivas. Dito de outro modo, tendemos a superestimar o quão felizes seremos se ganharmos na loteria, mas também superestimamos o quão tristes ficaremos caso nossa esposa morra. Nas pessoas com depressão, a previsão afetiva parece estar enviesada a ponto de não conseguirem se enxergar gostando de eventos futuros (MacLeod & Cropley, 1996).

Cognições mal-adaptativas são manifestadas com frequência na forma de pensamentos específicos a situações (Burns, 1980). Embora cognições mal-adaptativas sejam específicas aos transtornos, muitas cognições são compartilhadas entre os transtornos emocionais. Nos transtornos emocionais, várias cognições mal-adaptativas se associam a percepções de ameaça ao *self* ou à perda. No caso dos transtornos de ansiedade, esse senso de perigo pode envolver uma ameaça física (p. ex., ter um ataque cardíaco) ou psicológica (p. ex., ansiedade devido ao constrangimento). No caso da depressão, as cognições mal-adaptativas comumente se concentram em perdas e visões sobre o valor próprio. Ademais, essas cognições tendem a enfocar um senso de falta de controle sobre a situação ou os sintomas de ansiedade. Outro marco das cognições ansio-

106 Stefan G. Hofmann

sas é que elas tendem a ser automáticas ou habituais, o que faz com que conjurar esses pensamentos demande pouco esforço. Elas ocorrem instantaneamente e, às vezes, em resposta a pistas sutis.

Cognições mal-adaptativas comuns

Existem muitos tipos de cognições mal-adaptativas, também chamadas de erros de pensamento. As categorias a seguir dessas cognições emergem particularmente com frequência.

- *Pensamento em preto e branco*. As pessoas que se engajam nesse estilo de pensamento dividem a realidade em duas categorias distintas: *boa* (branco) ou *ruim* (preto). Um exemplo é a pessoa que pensa que mesmo um leve deslize durante uma palestra significa que falhou miseravelmente.
- *Personalização*. Eventos indesejáveis podem ocorrer a todos. Contudo, algumas pessoas os levam para o lado pessoal e veem a si mesmas como as únicas responsáveis por esses eventos, mesmo não sendo. Por exemplo, um palestrante que vê uma pessoa na plateia bocejando pode concluir que ele é um palestrante entediante.
- *Focar no negativo*. Qualquer situação costuma conter tanto aspectos positivos quanto negativos. Para alguém com esse viés, os aspectos negativos de uma situação se tornam o centro da atenção. Por exemplo, o palestrante que percebeu o bocejo na plateia pode então procurar por mais evidências para embasar sua percepção de que as pessoas estão entediadas.
- *Desqualificar o positivo*. A pessoa com esse viés negativo não só foca nos aspectos negativos, mas também ignora ou desconsidera quaisquer aspectos positivos. Portanto, o palestrante que crê que seu discurso é entediante tende a ignorar os outros membros da plateia que o escutam atentamente.
- *Pular para conclusões*. A conclusão "Sou entediante" após ver alguém bocejar na plateia é um salto lógico sem qualquer embasamento. Ainda, o palestrante pode se convencer de que este já é um fato consumado.
- *Supergeneralização*. O rótulo "Sou entediante", ou "Sou um palestrante entediante", sugere que todas as apresentações futuras serão entediantes. Assim, um evento negativo se torna um padrão continuado.
- *Catastrofização*. A catastrofização ocorre quando uma pessoa encara as coisas de maneira desproporcional. Por exemplo, o palestrante que enxerga um membro da audiência bocejar não só conclui de si que é uma pessoa entediante, como conclui que isso também pode significar que sua

carreira está acabada, que será demitido e que não encontrará um emprego nunca mais.

• *Superestimação de probabilidades.* A pessoa crê que um evento improvável certamente ocorrerá. Por exemplo, quedas de aviões ocorrem. Entretanto, a probabilidade de alguém morrer em um acidente de avião é muito baixa, dado o número de aviões que decolam e pousam com segurança a cada dia.

• *Raciocínio emocional.* O raciocínio emocional ocorre quando uma pessoa interpreta uma resposta emocional a um pensamento como evidência para a validade de seu pensamento. Por exemplo, preocupar-se em perder o emprego causa enorme desconforto. Ao mesmo tempo, uma pessoa que se engaja no raciocínio emocional conclui que o desconforto experienciado durante a preocupação é um sinal de que há boas razões para se preocupar (p. ex., "Devo ter um bom motivo para me preocupar sobre X, porque estou me sentindo desconfortável quando penso em X").

Essa lista não é exaustiva, e as categorias se sobrepõem consideravelmente. Contudo, rotular e categorizar pensamentos desconfortáveis é um passo importante em direção ao distanciamento da pessoa desses pensamentos e à obtenção de uma perspectiva mais racional da situação, em oposição a uma perspectiva enviesada que leva a respostas emocionais mal-adaptativas.

TÉCNICAS DE REAVALIAÇÃO

Na TCC, um pensamento não é encarado como factual ou correto, mas como uma de muitas hipóteses. Afinal de contas, é comum haver diversas interpretações para uma mesma situação. A reavaliação pode transformar uma interpretação mal-adaptativa de uma situação ou evento em uma interpretação adaptativa da mesma situação ou evento. Comumente, interpretações mal-adaptativas são percepções falhas. Contudo, isso nem sempre é verdade; um pensamento impreciso pode ser adaptativo e um pensamento preciso pode ser mal-adaptativo. Como descrito anteriormente, há boas razões para se entrar em depressão dadas as muitas adversidades que podem ocorrer e que de fato ocorrem (dado o fato cruel de que tudo eventualmente chegará ao fim). A diferença fundamental entre as pessoas com depressão e sem depressão está na prevalência de crenças mal-adaptativas imprecisas. Na verdade, algumas pesquisas sugerem que pessoas deprimidas têm uma visão mais precisa do mundo, o que é conhecido como realismo depressivo (Moore & Fresco, 2012). Na maioria dos casos, porém, crenças mal-adaptativas são, também, crenças imprecisas.

O primeiro passo da reavaliação demanda que a pessoa se abra à ideia de que a suposição inicial pode estar incorreta. Isso, por sua vez, demanda certo grau de flexibilidade cognitiva e capacidade de alternar perspectivas. Esse processo também demanda a resolução de aceitar que a interpretação inicial não corresponde à verdade (e que pode até haver mais de uma verdade).

Todas essas deliberações são relativamente complexas; elas incluem a autoconsciência, bem como a consciência metacognitiva — a consciência da pessoa de seus pensamentos e crenças sobre seus próprios pensamentos. Esse nível de consciência pode ser alcançado por um cliente quando encorajado a adotar um papel de observador neutro, em vez de ser um ator e reator contínuo a gatilhos situacionais. Em seguida, o cliente reúne evidências a favor e contra uma interpretação em particular da situação ou dos estímulos. Isso coloca o pensamento "sob julgamento", e, como em um experimento científico, a hipótese ou é refutada ou é embasada pelas evidências.

Identificar, questionar e modificar pensamentos mal-adaptativos não é uma tarefa fácil. Na terapia, o terapeuta com frequência faz questionamentos guiados, a fim de encorajar o cliente a explorar maneiras alternativas de interpretação. Esse processo comumente demanda uma exploração cuidadosa de si mesmo por parte do cliente e um questionamento guiado (ou descoberta guiada) por parte do terapeuta (o que tem sido chamado de estilo de questionamento socrático dentro da TCC beckiana). Como qualquer outro mau hábito, a maneira como interpretamos as coisas tende a ser resistente à mudança. O primeiro passo em direção à mudança é perceber que existem muitas maneiras diferentes pelas quais os eventos podem ser interpretados. A fim de interpretar um evento, precisamos formular hipóteses, que, no fim das contas, determinarão nossa resposta emocional ao evento. O exemplo a seguir ilustra o questionamento socrático em uma sessão de terapia com uma cliente com transtorno de pânico e agorafobia.

NA PRÁTICA: QUESTIONAMENTO SOCRÁTICO

TERAPEUTA: Por que você não gosta de *shoppings* lotados?

KATHLEEN: Porque eles me deixam bastante desconfortável. Quando piso em um *shopping*, sinto como se estivesse tendo um ataque de pânico.

TERAPEUTA: O que costuma ocorrer quando você tem ataques de pânico?

KATHLEEN: Eu fico muito assustada.

TERAPEUTA: Por que você tem se assustado?

KATHLEEN: Não sei. Às vezes eu penso que tem algo de errado comigo... que eu terei um ataque cardíaco ou algo assim.

Emoção em terapia **109**

> **TERAPEUTA:** Seu coração bate muito rápido?
>
> **KATHLEEN:** Sim, a mil por hora.
>
> **TERAPEUTA:** Por que você pensa que isso significa que tem algo de errado com seu coração?
>
> **KATHLEEN:** Bem, porque isso pode ser sinal de um ataque cardíaco.
>
> **TERAPEUTA:** Quantos ataques cardíacos você já teve?
>
> **KATHLEEN:** Nenhum. Meu médico diz que estou bem.
>
> **TERAPEUTA:** Então como você sabe que esses são sintomas de um ataque cardíaco?
>
> **KATHLEEN:** Eu não sei, mas tenho medo de que sejam.
>
> **TERAPEUTA:** Então você *pensa* que esses sintomas estão relacionados a um ataque cardíaco, mas não tem certeza. Se você fosse dar uma nota para a probabilidade de esses sintomas estarem relacionados a um ataque cardíaco, em uma escala de 0 — provavelmente não — a 100 — muito provavelmente sim —, qual seria?
>
> **KATHLEEN:** Talvez 40%.
>
> **TERAPEUTA:** Isso significa que tem 40% de chance de que você esteja tendo um ataque cardíaco quando sente os sintomas de palpitação, dor no peito e falta de ar no *shopping*.
>
> **KATHLEEN:** Sim.
>
> **TERAPEUTA:** Então, de dez idas futuras ao *shopping*, em quatro ocasiões você terá um ataque cardíaco. É isso?
>
> **KATHLEEN:** Não, isso parece muito.

Nesse exemplo, o terapeuta começa a desafiar o pensamento mal-adaptativo de Kathleen de que ataques de ansiedade, especialmente palpitações cardíacas experienciadas dentro de *shoppings*, são sinais de um ataque cardíaco. Certamente, não é impossível que se tenha um ataque cardíaco em um local lotado, incluindo um *shopping*. Contudo, Kathleen é uma mulher jovem e saudável, sem doença cardiovascular. Portanto, a probabilidade de que ela tenha um ataque cardíaco em um *shopping* é baixa. Assim, esse pensamento (de que existe 40% de chance de seus sentimentos de ansiedade em um *shopping* indicarem um ataque cardíaco) é um exemplo de superestimação de probabilidade.

A fim de pôr à prova esse pensamento, Kathleen precisará conduzir alguns testes para examinar a validade de suas crenças. Por exemplo, ela pode confrontar um *shopping* lotado, possivelmente até mesmo depois de exercícios físicos intensos, para induzir palpitações cardíacas. Isso dará a ela a oportunidade de testar sua previsão de que terá um ataque cardíaco. Esses "experimentos de campo" são essenciais para examinar a validade de suposições específicas, e estas são mal-adaptativas, pois são interpretações catastróficas errôneas da escalada

110 Stefan G. Hofmann

de sensações físicas experienciadas durante um ataque de pânico ("Estou tendo um ataque cardíaco", "Estou enlouquecendo", "Vou perder o controle") e levam ao aumento da ansiedade, diminuindo, assim, a capacidade de Kathleen de ir ao *shopping*. Se ela fosse capaz de atribuir seus sintomas de pânico a alguma causa mais inofensiva, seria menos provável que daí resultassem níveis clínicos elevados de ansiedade.

ESQUEMAS MAL-ADAPTATIVOS

Esquemas são crenças gerais e abrangentes que dão origem a pensamentos automáticos específicos em determinada situação. Esses esquemas se desenvolvem cedo na vida, comumente durante a infância e a adolescência. Algumas vezes, eles tomam a forma de *esquemas mal-adaptativos*, que são crenças amplas e profundas que abrangem emoções, cognições, sensações corporais e memórias distorcidas relacionadas às pessoas e aos seus relacionamentos com os outros (Young, Klosko, & Weishaar, 2003). Os esquemas mal-adaptativos subjazem a problemas caracteriológicos de longa duração e são vistos como fatores gerais de vulnerabilidade para uma ampla gama de transtornos psiquiátricos.

Esquemas mal-adaptativos ocorrem quando o temperamento interage com experiências relacionais iniciais adversas, fazendo a pessoa sentir que suas necessidades psicológicas básicas (p. ex., apego seguro, autonomia, liberdade para expressar necessidades e emoções válidas, limites realistas) não são atendidas (Young et al., 2003). Quando um esquema é ativado mais tarde na vida, a pessoa responde com um estilo de enfrentamento mal-adaptativo (p. ex., hipercompensação, evitação e resignação) que ela aprendeu como uma maneira de lidar com essas experiências adversas e que, na verdade, perpetua o esquema. De acordo com Young et al. (2003), há 15 esquemas mal-adaptativos que podem ser desenvolvidos. São eles:

- Abandono/instabilidade (a instabilidade ou falta de segurança em pessoas importantes no que diz respeito a apoio e conexão emocionais).
- Desconfiança/abuso (expectativa de que os outros irão abusar, humilhar, manipular, machucar ou tirar vantagem intencionalmente da pessoa).
- Privação emocional (expectativa de que as necessidades de empatia, proteção e cuidado não serão atendidas pelos outros).
- Defectividade/vergonha (a crença de que a pessoa é falha, defeituosa e incapaz de ser amada por pessoas importantes).

Emoção em terapia **111**

- Isolamento social (o sentimento de que a pessoa está isolada do mundo, de que é diferente dos outros e de que não faz parte de um grupo de pares ou de uma comunidade).
- Dependência (a crença de que a pessoa é incapaz de lidar com as responsabilidades do dia a dia de maneira independente e competente).
- Vulnerabilidade a dano ou doença (medo exagerado de que uma catástrofe iminente e inevitável acontecerá a qualquer momento, como uma crise natural, financeira, médica ou de relacionamento).
- Emaranhamento (envolvimento e proximidade emocionais excessivos com pessoas importantes à custa da própria individualidade).
- Fracasso (a crença de que, comparada aos pares, a pessoa é fundamentalmente inadequada em áreas de conquista).
- Grandiosidade (a crença de que a pessoa tem o direito de fazer o que quer a despeito do que é considerado razoável ou realista para os outros).
- Autocontrole insuficiente (dificuldade em exercer o autocontrole suficiente e frustração em conquistar os próprios objetivos e em restringir a expressão de impulsos e sentimentos).
- Subjugação (a crença de que a pessoa deve abdicar de seu controle para os outros, a fim de evitar consequências negativas).
- Autossacrifício (foco em servir às necessidades alheias à custa de suas próprias).
- Inibição emocional (a crença de que a pessoa deve inibir emoções e ações espontâneas para evitar a desaprovação de outros ou sentimentos de vergonha).
- Padrões inflexíveis (a crença de que a pessoa deve se esforçar para se adequar a padrões elevados de rendimento e comportamentos).

Como parte da TCC, especialmente durante sessões mais avançadas, os terapeutas comumente exploram e atacam esses esquemas mal-adaptativos. Uma análise dos esquemas de Kathleen (ver pp. 113-114) sugere que seu medo de ataques de pânico em *shoppings* e em outras situações está associado aos esquemas de *abandono/instabilidade* e *vulnerabilidade a dano ou doença*.

Uma descrição detalhada das técnicas para se identificar e apontar esquemas mal-adaptativos é apresentada em Young et al. (2003). Embora essas técnicas façam parte da TCC, há também certa identificação com as teorias das relações objetais e com a *gestalt* terapia. Por exemplo, algumas das técnicas para se apontar esses esquemas instruem o cliente a criar imagens de pessoas importantes (p. ex., pai, mãe) para conduzir diálogos com os indivíduos nessas imagens e para ligar emoções de imagens da infância a circunstâncias da vida presente.

112 Stefan G. Hofmann

A relação terapêutica cria um contexto propício à manifestação de esquemas de um modo seguro e à testagem de sua validade ao se utilizar evidências de todos os períodos da vida do cliente. Esquemas também podem ser modificados quando o terapeuta fornece uma reparentalização limitada, auxiliando o cliente a atender às suas necessidades que não foram atendidas adequadamente.

REAVALIAÇÃO E EMOÇÕES

Diversas pesquisas apontam para a eficácia da TCC no tratamento de uma ampla gama de transtornos mentais. Uma revisão recente de metanálises examinando a eficácia da TCC identificou não menos que 269 estudos metanalíticos (Hofmann, Asnaani, Vonk, Sawyer, & Fang, 2012). As metanálises examinaram a TCC para o transtorno por uso de substância, esquizofrenia e outros transtornos psicóticos, depressão e distimia, transtorno bipolar, transtornos de ansiedade, transtornos somatoformes, transtornos alimentares, insônia, transtornos de personalidade, raiva e agressão, comportamentos criminosos, estresse generalizado, sofrimento por condições médicas, dor crônica e fadiga e sofrimento relacionado a complicações na gravidez e a condições hormonais femininas. Revisões metanalíticas complementares examinaram a eficácia da TCC em vários problemas na infância e na velhice. O maior embasamento para a TCC é encontrado nos transtornos de ansiedade, nos transtornos somatoformes, na bulimia, em problemas no controle da raiva e no estresse generalizado.

Esses estudos também apontam para a eficácia de estratégias de reavaliação em problemas emocionais e comportamentais, pois a reavaliação é um elemento central da TCC. Contudo, protocolos de TCC contemporânea não se baseiam unicamente na reavaliação (Hofmann, Asmundson, & Beck, 2013), mas incluem muitas outras estratégias (Hofmann, 2011). Isso também serve para, virtualmente, qualquer intervenção psicológica. Assim, é difícil comparar diretamente as várias intervenções umas com as outras, quanto mais identificar os mecanismos de mudança. Reconhecendo esse problema, Hollon e Ponniah (2010) revisaram os ensaios controlados randomizados em psicoterapia para os transtornos de humor. Os autores identificaram 125 estudos, que incluíam, entre outros tratamentos, a terapia focada na emoção (o tratamento dinamicamente orientado discutido no Capítulo 1, desenvolvido por Greenberg, 2011), terapias baseadas em *mindfulness*, terapias psicodinâmicas breves e TCC. Para a depressão maior, os resultados demonstraram que a TCC foi eficaz e específica na prevenção de recaída/recorrência após o fim do tratamento. A terapia baseada em *mindfulness* também pareceu ser eficaz. Entretanto, a eficácia da terapia

Emoção em terapia **113**

focada na emoção e das terapias psicodinâmicas breve foram menos aparentes. A despeito dos nomes específicos dados a alguns desses tratamentos, permanece confuso, para a maioria dessas intervenções, qual exatamente é o objetivo das estratégias de tratamento e se de fato ele está sendo atingido.

A fim de examinar o efeito de estratégias específicas, como a reavaliação, na resposta emocional, faz-se necessário verificar estudos laboratoriais rigorosamente controlados. Um exemplo é o modelo cognitivo do transtorno de ansiedade social. Uma das predições concretas do modelo é a de que, quando confrontados com uma ameaça de cunho social, indivíduos com ansiedade social focam sua atenção internamente em cognições negativas autocentradas, levando à elevação de sua ansiedade social e, subsequentemente, a comportamentos de evitação, resultando na manutenção do problema (Hofmann, 2007). Em consonância com esse modelo, apresentam-se estudos correlacionais e de mediação demonstrando que um tratamento bem-sucedido é mediado por mudanças na avaliação de situações sociais (Hofmann, 2004) e se associa à baixa na atenção autofocada (Hofmann, 2000; Wells & Papageorgiou, 1998) e a melhorias na autopercepção (Hofmann, Moscovitch, Kim, & Taylor, 2004). Muitos estudos em laboratório também embasam o valor das técnicas de reavaliação na alteração de estados emocionais. Por exemplo, em um estudo, nós avaliamos a ansiedade em participantes que anteciparam falar em público (Schulz, Alpers, & Hofmann, 2008). Para examinar o papel das cognições enquanto mediadoras, comparamos dois tipos diferentes de grupo: um induzido a se engajar em cognições negativas autofocadas e o outro a relaxar, o que encorajou os participantes a afastarem o foco de sua atenção de cognições negativas. Como predito pelo modelo cognitivo, cognições negativas autofocadas mediaram inteiramente os efeitos do traço de ansiedade social na ansiedade autorrelatada e na variabilidade de frequência cardíaca durante a antecipação negativa. Esses e muitos outros estudos (p. ex., Hofmann et al., 2013) embasam a ideia básica de que a reavaliação influencia diretamente a resposta emocional.

RESUMO DE PONTOS CLINICAMENTE RELEVANTES

- As emoções não são causadas diretamente por qualquer evento ou situação, e sim pela percepção e interpretação mal-adaptativas (avaliação cognitiva) desse evento ou situação.
- Crenças gerais abrangentes, ou esquemas, sobre si mesmo, o mundo e o futuro estão no centro das distorções cognitivas sobre eventos ou situações que dão origem a cognições automáticas mal-adaptativas.

- O raciocínio emocional é um processo cognitivo que faz uso da experiência emocional da pessoa (p. ex., "Estou ansioso") como evidência para a validade do pensamento ("A situação deve ter sido perigosa, já que eu me senti ansioso"). Isso estabelece um ciclo de *feedback* positivo que fortalece a crença a partir da experiência.
- Vieses cognitivos não são, necessariamente, contrários ao bem-estar. Cognições causam prejuízos quando são mal-adaptativas, pois oferecem poucos recursos para se adaptar aos desafios da vida.
- Esquemas mal-adaptativos são relativamente resistentes à mudança, pois frequentemente se desenvolvem cedo na vida e se tornam problemas caracteriológicos.

7

Afeto positivo e felicidade

O objetivo principal da psicologia clínica, da psiquiatria e dos campos relacionados tem sido o de reduzir ou eliminar o sofrimento causado por estados afetivos negativos, como a depressão e a ansiedade. Sendo assim, a pesquisa e a prática em saúde mental têm enfocado, principalmente, o estudo e a redução do afeto negativo. Por outro lado, sabe-se relativamente pouco sobre as estratégias para aperfeiçoar o afeto positivo, a despeito do corpo substancial de literatura esmiuçando o papel do afeto positivo no surgimento, na sobreposição e na manutenção da ansiedade e da depressão. Embora os afetos positivo e negativo se associem de modo negativo, a ausência do afeto negativo não induz, necessariamente (ou mesmo com frequência), o aumento do afeto positivo. Este capítulo discute o papel do afeto positivo e da felicidade nos transtornos emocionais e descreve algumas estratégias para aperfeiçoá-los.

DEFININDO AFETO POSITIVO E FELICIDADE

Os estudiosos da psicologia dividem o bem-estar positivo em dois tipos: *hedônico* e *eudaimônico*. O bem-estar hedônico descreve sentimentos passageiros e positivos, como a felicidade e o contentamento (p. ex., Kahneman, Diener, & Schwarz, 2003), ao passo que o bem-estar eudaimônico descreve emoções duradouras que acompanham o movimento em direção ao potencial das pessoas, como os sentimentos de vitalidade, curiosidade e engajamento (p. ex., Diener, 2000).

O afeto positivo e o sentimento de felicidade são objetivos esquivos. As pessoas rapidamente se adaptam às suas novas posses, à riqueza, ao luxo e à fama.

Uma pessoa que ganha alguns milhões na loteria só relatará um nível elevado de felicidade pouco após a conquista. No curso do tempo, ela atribuirá consideravelmente menos felicidade à boa maré financeira. Isso recebeu o nome de *lei da assimetria hedônica*, termo cunhado por Frijda (1988), e é consistente com a noção do *esteira hedônica* (Brickman & Campbell, 1971). A esteira hedônica faz da felicidade um estado esquivo, uma vez que as expectativas aumentam junto às posses e às conquistas das pessoas. Felizmente, a infelicidade é semelhantemente passageira, pois as pessoas também se adaptam a situações indesejáveis. Nós superestimamos tanto o afeto positivo que esperamos sentir em resposta a um evento futuro desejável quanto o afeto negativo que esperamos sentir em resposta a um evento futuro indesejável. Dito de outro modo, as habilidades de prospecção das pessoas, ou de *prognóstico afetivo*, tendem a ser viesadas, pois tendemos a exagerar nossa resposta emocional a um evento futuro antecipado (Gilbert & Wilson, 2007).

A razão desse viés é, em parte, o fato de as predições serem descontextualizadas. Dito de outro modo, experiências hedônicas são influenciadas por representações mentais e por fatores contextuais. O viés emerge porque as pessoas tendem a ignorar o fato de que os fatores contextuais presentes quando fazemos as predições não são os mesmos que estarão presentes quando o evento de fato estiver ocorrendo. Isso não é verdade somente para predição de felicidade. Por exemplo, as pessoas que acabaram de concluir um exercício intenso na academia erroneamente predizem que gostarão de beber água no próximo dia mais do que as pessoas que estão prestes a começar seu exercício (Van Boven & Loewenstein, 2003).

PANO DE FUNDO HISTÓRICO

Embora sejam relativamente recentes os estudos sobre as experiências subjetivas positivas que têm aparecido na literatura psicológica, principalmente sob a rubrica *psicologia positiva* (Seligman & Csikszentmihalyi, 2000), alguns dos construtos relevantes têm uma longa tradição histórica. Em particular, o construto da felicidade já foi o assunto de muitas filosofias e religiões no curso da história humana. A felicidade é um tema central dos ensinamentos budistas. A felicidade suprema pode ser definida como *nirvana* (ou *bodhi*), o estado de paz eterna, que se encontra livre do sofrimento, da raiva e dos desejos (p. ex., Buddhaghosa, 1975). O meio para os praticantes alcançarem esse estado de paz eterna e cessação do sofrimento é chamado de o *nobre caminho dos oito passos*. De modo similar, o discípulo confuciano chinês Mêncio, que viveu no século III a.C., acreditava que todas as pessoas nasciam com a capacidade inata de se-

Emoção em terapia **117**

rem boas e felizes. Em outra vertente, Aristóteles (que viveu por volta da mesma época que Mêncio) acreditava que os seres humanos deveriam aprender a adquirir felicidade por meio de experiência e prática. Em sua *Ética a Nicômaco*, ele chegou a propor que a felicidade é o propósito da natureza humana e, portanto, o único estado que os seres humanos desejam para si mesmos (em vez de amizade, riqueza, etc.).

Mais de um milênio depois, São Tomás de Aquino (1225-1274) estabeleceu a fundação da visão moderna de felicidade ao ligar diretamente a felicidade às ações intencionais. Especificamente, ele considerou que, a fim de alcançar a felicidade, a vontade do indivíduo deve ser ordenada segundo os objetivos e as virtudes adequadas. Aquino concordou com Aristóteles que a felicidade não pode ser alcançada unicamente por meio do raciocínio sobre as consequências das ações, mas que ela também demanda uma procura por boas razões para ações que são governadas pelas leis naturais e divinas.

De modo semelhante, filósofos ocidentais posteriores, e especialmente os éticos britânicos, argumentaram que a felicidade está intimamente associada às ações das pessoas e às suas consequências. Um princípio filosófico conversa diretamente com isso. Esse princípio é conhecido como *utilitarismo*, que postula que devemos sempre agir de modo a conseguir o máximo de felicidade e o mínimo de infelicidade para nós mesmos e para os outros.

Alguns dos principais proponentes desse princípio foram John Stuart Mill e Jeremy Bentham (Mill foi aluno de Bentham). Bentham (1789/1988) compreendeu a felicidade como a predominância do prazer sobre a dor. Assim, como um hedonista ético, ele acreditava que é a quantidade de prazer que uma ação específica provavelmente dará que determina se ela será certa ou errada. Ele formulou um algoritmo, o *cálculo felicífico*, para estimar o grau de prazer que uma ação específica tende a gerar. As variáveis que são consideradas nesse algoritmo incluem a intensidade e a duração da consequência do prazer, bem como o quão certo é que a consequência prazerosa acontecerá, o quão rapidamente ocorrerá, qual é a probabilidade de a consequência prazerosa se repetir no futuro e quantas pessoas serão afetadas por ela. Bentham tratou todas as formas de felicidade de maneira basicamente igual. Em contrapartida, Mill (1861/2001) argumentou que prazeres intelectuais e morais são superiores a formas mais baixas e mais físicas de prazer.

Essa breve excursão pela história da felicidade ilustra a robusta tradição e complexidade da definição do termo e de outras formas de afeto positivo. As questões que são centrais para esses estados emocionais estão intimamente ligadas a algumas das questões filosóficas mais fundamentais sobre a natureza humana (p. ex., qual é o propósito de nossa existência?). Não consigo responder a essas perguntas aqui. Em vez disso, exploro a função da felicidade na saúde mental de modo geral e, particularmente, nas emoções.

AFETO POSITIVO NÃO É A AUSÊNCIA DE AFETO NEGATIVO

Os afetos positivo e negativo não são dois polos do mesmo *continuum*. No entanto, eles também não estão completamente desatrelados. Embora o afeto negativo se encontre com proeminência nos transtornos emocionais, o afeto positivo também é uma dimensão importante, mas menos investigada. Pesquisas examinando a estrutura hierárquica dos transtornos emocionais revelam duas dimensões principais: *neuroticismo/afetividade negativa* e *extroversão/afetividade positiva* (Brown, 2007; Brown & Barlow, 2009; Clark & Watson, 1991). Por exemplo, um estudo de Brown e Barlow (2009) descobriu que praticamente a totalidade da covariância considerável entre variáveis latentes correspondendo a construtos do DSM-IV de depressão unipolar, transtorno de ansiedade generalizada, transtorno de ansiedade social, transtorno obsessivo-compulsivo, transtorno do pânico e agorafobia foi explicada pelas dimensões de ordem maior dos afetos negativo e positivo. Desse modo, alguns transtornos emocionais estão associados não somente à elevação do afeto negativo, como também ao rebaixamento do afeto positivo (Carll, Soskin, Kerns, & Barlow, 2013; Hofmann, Sawyer, Fang, & Asnaani, 2012). De modo similar ao afeto negativo, o afeto positivo não é uma experiência constante. Ambos flutuam ao longo do tempo e são influenciados por vários fatores. Embora os afetos positivo e negativo não sejam simplesmente pontos opostos de um mesmo *continuum*, eles tampouco são completamente independentes; à medida que um deles fica mais forte, o outro enfraquece.

O modelo *broaden-and-build* afirma que o afeto positivo afrouxa a influência do afeto negativo sobre a pessoa e, ao mesmo tempo, amplia seu repertório comportamental ao aprimorar recursos físicos, sociais e intelectuais (p. ex., Fredrickson, 2000). Dito de outro modo, esse modelo considera que o afeto positivo é adaptativo porque dá às pessoas a oportunidade de expandir seus recursos e relações sociais para se prepararem para desafios futuros. Como resultado da experiência frequente do afeto positivo, pessoas felizes também são geralmente mais bem-sucedidas (Lyubomirsky, King, & Diener, 2005) e têm vidas mais saudáveis. Por exemplo, uma revisão de 26 estudos observacionais prospectivos descobriu que o bem-estar positivo se mostrou associado a uma mortalidade reduzida (Chida & Steptoe, 2008). Esses efeitos persistiram mesmo quando o afeto negativo foi levado em consideração. Sendo assim, os afetos negativo e positivo

Emoção em terapia **119**

podem coexistir. Exemplos comuns são os momentos mistos de alegria e tristeza, como o pai alegre que chora durante o casamento de sua filha. Esse estudo ilustra a importância do afeto positivo para a saúde. De maneira similar, um estudo prospectivo que durou 15 anos, realizado com mais de 11 mil indivíduos que não tinham doença cardíaca coronariana, descobriu que aqueles com mais bem-estar psicológico tiveram um risco marcadamente reduzido de desenvolver doença cardíaca coronariana depois de considerarem outros fatores de risco conhecidos (Kubzansky & Thurston, 2007).

MEDINDO O AFETO POSITIVO E A FELICIDADE

O afeto positivo e a felicidade são difíceis de se medir com confiança. A satisfação com a vida é uma medida de procuração razoável para tal. Por exemplo, descobriu-se que, entre as pessoas que relataram que estão acima do neutro em sua satisfação de vida, a vasta maioria (85%) relatou que se sente feliz ao menos durante metade do tempo (Lucas, Diener, & Suh, 19960. Uma medida direta de felicidade frequentemente utilizada é a Escala Subjetiva de Felicidade, de Lyubomirsky e Lepper (1999). Essa escala inclui quatro itens que questionam diretamente os participantes acerca de seu nível de felicidade em uma escala de 7 pontos. Por exemplo, o item 1 pergunta a cada participante se ele se considera uma pessoa, em geral, feliz, e o item 2 pergunta se a pessoa se considera mais ou menos feliz em comparação com a maioria de seus pares.

A felicidade foi definida como uma experiência frequente de afetos positivos (Lyubomirsky et al., 2005). Sendo assim, alguns investigadores avaliam o afeto positivo como uma medida de felicidade por procuração. Uma medida comumente utilizada do afeto positivo é a *Escala de Afetos Positivos e Negativos* (PANAS; Watson, Clark, & Tellegen, 1988), que pede aos participantes que indiquem em uma escala de 1- (*bem pouco a nem um pouco*) a 5- (*extremamente*) como se sentem no momento presente (ou se sentiram ao longo da última semana) utilizando 10 adjetivos positivos (p. ex., *interessado, orgulhoso, ativo*) e 10 adjetivos negativos (p. ex., *angustiado, chateado, amedrontado*). A escala fornece um escore de afetos positivos e negativos (ver também Apêndice I). O escore de afetos positivos pode, assim, ser considerado uma medida de felicidade. Contudo, duas pessoas podem essencialmente receber o mesmo escore de afetos positivos, mas escores de afeto negativo bem distintos. Portanto, pode-se argumentar que a felicidade não é definida somente pelo afeto positivo alto, mas também pelo afeto negativo baixo. Esse assunto foi discutido já em 1969, por Bradbury, que propôs uma medida de balanço afetivo que é obtida pela subtração do afeto negativo do afeto positivo.

PREDIZENDO O AFETO POSITIVO E A FELICIDADE

É difícil identificar de maneira confiável preditores ou correlatos da felicidade e do afeto positivo. Idade, gênero e até mesmo dinheiro (para além da quantidade mínima necessária para suprir necessidades básicas de comida e abrigo) tendem a ser preditores ruins (Myers & Diener, 1995). Em vez de riqueza material e luxo, as pessoas muito felizes têm relações sociais relativamente ricas e satisfatórias e passam pouco tempo sozinhas. Em contrapartida, pessoas infelizes têm poucas relações sociais. As pessoas mais felizes demonstram os menores níveis de psicopatologia, o que é consistente com visões anteriores sugerindo que a depressão está associada ao baixo afeto positivo (Watson, Clark, & Mineka, 1994).

Embora as pessoas felizes da amostra de Diener e Seligman (2002) tenham relatado que sentem emoções desagradáveis em alguns momentos, elas raramente sentem euforia ou êxtase. Em vez disso, elas sentiam emoções positivas em graus de médio a moderadamente forte na maior parte do tempo. Essas descobertas sugerem que as pessoas muito felizes têm a habilidade de levantar seu humor sem experienciar euforia quando boas situações se apresentam e que elas são capazes de reagir com estados de humor negativo quando algo de ruim ocorre (Diener & Seligman, 2002). Além do mais, os resultados desse estudo sugerem que a felicidade não está associada à intensidade do afeto positivo, e sim à quantidade de tempo em que as pessoas experienciam o afeto positivo.

A felicidade e a satisfação de vida estão associadas a vários traços temperamentais, incluindo otimismo, vigor e outras características de uma pessoa que promovem sentimentos positivos, como a esperança e o humor quando confrontada por situações difíceis (p. ex., Lyubomirsky et al., 2005). Por exemplo, um estudo longitudinal com gêmeos finlandeses demonstrou que a satisfação de vida estava associada a um menor risco de suicídio 20 anos depois, mesmo após se ter controlado uma série de fatores de risco conhecidos, como idade, sexo, tabagismo, atividade física e uso de substâncias (Koivumaa-Honkanen et al., 2001).

MENTES ERRANTES, MENTES INFELIZES

Algumas pessoas ruminam excessivamente sobre o passado ou se preocupam muito com o futuro. A ruminação é uma característica comum da depressão; a preocupação é uma característica comum de muitos transtornos de ansiedade. Contudo, ruminar sobre o passado e se preocupar com o futuro não são componentes exclusivos a esses transtornos mentais; eles fazem parte de ser humano. Diferentemente das outras espécies, os seres humanos passam muito tempo

Emoção em terapia **121**

pensando sobre o passado e em possíveis eventos futuros. Companhias de seguro fazem parte de uma indústria multibilionária que tem por objetivo trazer tranquilidade a seus clientes; nós gastamos quantias enormes de dinheiro para nossa aposentadoria e para a educação superior de nossos filhos. Desse modo, nossas mentes estão focadas não somente no momento presente, mas também no passado. Isso é, em certo grau, igualmente verdade para as espécies não humanas (p. ex., animais se preparam para o inverno ou constroem ninhos para seus filhotes). Entretanto, o grau de comportamentos orientados para o passado e para o futuro é consideravelmente maior nos seres humanos do que em outras espécies. Além disso, é possível argumentar que animais não humanos não demonstram o mesmo grau de cognição que os humanos na antecipação de eventos futuros, mas, no lugar, respondem a estímulos do ambiente que precedem os eventos futuros (p. ex., pássaros não constroem seus ninhos porque estão antecipando algo, mas porque mudanças de estação e outros fatores ativam um impulso instintivo).

A habilidade dos seres humanos de antecipar eventos futuros (e de ruminar o passado) cobra um preço emocional, pois pensar em lugares e períodos que não o momento presente tende a nos fazer infelizes; ou, como Killingsworth e Gilbert (2010) recentemente resumiram: *uma mente errante é uma mente infeliz.* Os autores conduziram um estudo utilizando um iPhone. Um aplicativo de iPhone contatou usuários em momentos aleatórios durante o dia e perguntou-lhes o que estavam fazendo, como estavam se sentindo e se suas mentes estavam divagando. Mais especificamente, o estudo analisou amostras de 2.250 adultos que responderam perguntas sobre seus estados de humor atuais (*Como você está se sentindo agora?*), suas atividades atuais (*O que você está fazendo agora?*) e se suas mentes estavam, naquela hora, divagando ou não (*Você está pensando em algo além do que você está fazendo agora?*). Os resultados mostraram que as mentes das pessoas vagam com frequência, independentemente do que elas estão realmente fazendo no momento. Essa mente "errante" apareceu em no mínimo 30% dos dados coletados durante todas as atividades, com exceção de fazer amor. As pessoas se mostraram menos felizes quando suas mentes divagavam do que quando não vagavam. É interessante notar que foi esse o caso durante todas as atividades. Mesmo quando suas mentes se concentraram mais em temas agradáveis (42,5% das amostras) do que em temas desagradáveis (26,5%), as pessoas não relataram estar mais felizes quando pensavam em algo além de suas atividades presentes. Os autores também puderam demonstrar que a mente errante se apresentou, geralmente, como a causa, e não a consequência, da infelicidade. Finalmente, demonstrou-se que a felicidade foi predita pelo conteúdo do pensamento das pessoas, em vez de por suas ações. Os autores concluíram que "uma mente humana é uma mente errante, e uma mente errante é uma mente infeliz. A habilidade de pensar naquilo que não está acontecendo é uma conquista cognitiva que cobra um preço emocional" (Killingsworth & Gilbert, 2010, p. 932). O contrário também pode ser verdadeiro: estar no aqui e agora, experienciando a vida no momento presente, plenamente atento, em vez de pensar em outras coisas, como ruminar sobre suas chances desperdiçadas no passado ou sobre uma possível ameaça futura, parece estar associado à saúde psicológica e felicidade.

MINDFULNESS

Mindfulness (atenção plena) é um termo popular que é discutido em uma ampla gama de campos, estendendo-se desde a área social (Langer, 1989) até a clínica (Kabat-Zinn, 2003; Williams & Penman, 2011). Muitos dos exercícios contemporâneos de *mindfulness* enfocam a respiração e a consciência do momento presente. Como exemplo, a meditação zen (zazen), uma prática de meditação japonesa tradicional que tem sua raiz no budismo, consiste unicamente em um tipo de meditação sentada. Outras técnicas objetivam aperfeiçoar experiências sensoriais distintas, como som, cheiro, gosto, textura ou temperatura. Todas essas estratégias encorajam a pessoa a focar sua atenção em uma experiência sensorial específica. Como complemento às estratégias de meditação sensorial, outros exercícios focam na experiência afetiva, como nos casos da meditação de bondade-amorosa e da meditação focada na compaixão. Essas práticas são descritas mais à frente.

Pano de fundo histórico

Historicamente, o termo *mindfulness* se enraíza profundamente na filosofia oriental, em especial no budismo, no zen e na ioga. O budismo já existia desde a época de Shakyamuni Buddha, que viveu na Índia há mais de 2.500 anos. Seus ensinamentos se espalharam pela Índia, pelo Sri Lanka e pela Ásia central, alcançando a China por volta do primeiro século d.C. Lá, o budismo tradicional se misturou com o taoísmo, o confucionismo e com outras culturas religiosas. O zen evoluiu da fusão entre o budismo tradicional e o taoísmo, tornando-se a forma mais moderna das práticas budistas.

Todas as práticas budistas enfatizam a atenção plena. Para compreender a atenção plena, é fundamental que se compreenda o papel do sofrimento (*dukkha*) e das *quatro nobres verdades* sobre o sofrimento: (1) a verdade de *dukkha* (i.e., a conclusão de que o sofrimento é um fato incontornável da vida); (2) a

Emoção em terapia **123**

verdade da origem de *dukkha*; (3) a verdade da cessação de *dukkha*; e (4) a verdade da superação de *dukkha*. O sofrimento pode ser em vista de doenças físicas e mentais, do envelhecer e do estresse de tentar se apegar a coisas que estão em constante mudança.

O budismo, também chamado de Buddha-dharma, enfatiza que, por meio da prática de *dharma*, é possível superar o sofrimento e alcançar a paz e a felicidade, bem como a purificação e a iluminação, um estado de existência no qual ódio, cobiça e outros sentimentos negativos foram superados. *Dharma*, aqui, refere-se à maneira de se viver uma vida de alto padrão moral e de valores consistentes com os ensinamentos do Buddha. No budismo, esses estilos de vida e práticas são chamados com frequência de o *caminho da purificação*, conduzindo ao *caminho da iluminação*. Pode-se encontrar ideias parecidas na ioga e em outras tradições orientais, como no zen. Assim, para muitos, o *mindfulness* não se limita a práticas de meditação, mas também inclui um estilo de vida caracterizado por tranquilidade e consciência por parte das pessoas de seu próprio corpo, sentimentos e pensamentos. *Mindfulness* traz à pessoa uma harmonia com a realidade e evita a ignorância e o sofrimento autoinfligidos, que são considerados grandes obstáculos para a felicidade. No budismo, a ignorância significa enxergar a si mesmo destacado dos outros e do mundo. Contrariamente, o budismo enfatiza a conexão entre a pessoa e todo o resto.

O oposto da atenção plena é a falha em enxergar e aceitar a realidade e a verdadeira natureza das coisas como elas são. Desse modo, a visão budista de nossa situação na vida não é nem pessimista nem otimista, mas realista — o que, acidentalmente, é consistente com o modelo geral da terapia cognitivo-comportamental (TCC). A falha em enxergar a verdadeira natureza das coisas é definida como ignorância (*avijja*) e delírio (*moha*). A ignorância é, às vezes, separada em dois tipos inter-relacionados: ignorância da verdadeira natureza das coisas e ignorância das leis do *karma* e da interdependência, que, então, resulta em um relacionamento impreciso com o mundo. Os dois tipos de ignorância conduzem à inabilidade em reconhecer as próprias capacidades e podem resultar em dúvida, teimosia e desconforto emocional. O antídoto para a ignorância é a sabedoria — a habilidade de conhecer e de perceber corretamente.

Definindo *mindfulness*

Embora difícil de se definir e mensurar, é relativamente fácil praticar *mindfulness*. Inúmeros estudos descobriram que as práticas de *mindfulness* são eficazes para tratar uma série de transtornos emocionais, especialmente problemas de humor e de ansiedade. O mecanismo preciso não é completamente compreendido.

124 Stefan G. Hofmann

Mindfulness, de modo geral, refere-se tanto a um estado de consciência atenta da realidade no momento presente quanto a um grupo de procedimentos para atingir esse estado. A literatura contemporânea define *mindfulness* como um processo que leva a um estado mental caracterizado pela consciência sem julgamento da experiência do momento presente, incluindo os pensamentos, as sensações corporais, a consciência e o ambiente da pessoa, que, ao mesmo tempo, encoraja a abertura, a curiosidade e a aceitação (Bishop et al., 2004; Kabat-Zinn, 2003; Langer & Moldoveanu, 2000; Melbourne Academic Mindfulness Interest Group, 2006). Estratégias de *mindfulness* focam no momento presente, encorajando as pessoas a prestarem atenção no presente sem julgá-lo.

Bishop e colaboradores (2004) distinguem dois componentes da atenção plena; um que envolve a autorregulação da atenção e outro que envolve uma orientação para o momento presente, caracterizado pela receptividade, curiosidade e aceitação. A premissa básica por trás das práticas de *mindfulness* é a de que experienciar o momento presente sem julgamentos e com receptividade pode contrariar efetivamente os efeitos de estressores, pois a orientação excessiva para o passado ou para o futuro quando se está lidando com estressores pode gerar (ou reforçar) sintomas de depressão e de ansiedade (p. ex., Kabat-Zinn, 2003). Crê-se que, posteriormente, ao ensinar as pessoas a responderem a situações estressantes de maneira mais refletida, em vez de reflexa, a prática da atenção plena pode contrariar efetivamente estratégias de evitação experiencial, que se configuram como tentativas de alterar a intensidade ou a frequência de experiências internas indesejadas (Hayes et al., 2006). Crê-se que essas estratégias de evitação contribuem com a manutenção de muitos, se não todos, transtornos emocionais (Bishop et al., 2004; Hayes, 2004). Ainda, a respiração lenta envolvida na meditação *mindfulness* pode aliviar sintomas corporais de desconforto ao balancear respostas simpáticas e parassimpáticas (Kabat-Zinn, 2003).

O treinamento em *mindfulness* pode ser concebido como um processo de treinamento de atenção composto de vários estágios. Nos estágios iniciais, as práticas de atenção plena elevam a consciência de processos reativos nas pessoas; nos estágios intermediários, elas conduzem a um desengajamento da reatividade automática específica à experiência enfocada; no estágio final, elas propiciam o surgimento de potenciais de resposta mais integrativos e aceitação de si em domínios de funcionamento (Kristeller, 2007). De forma similar, Hölzel e colaboradores (2011) propuseram que a regulação da atenção é um aspecto importante. Além disso, eles consideram a consciência corporal, a regulação emocional e a mudança na visão do *self* como componentes importantes que determinam o mecanismo de mudança. Por fim, DeSteno e sua equipe relataram evidências que sugerem que o treinamento em *mindfulness* potencializa comportamentos compassivos e pró-sociais (Condon, Desbordes, Miller, & DeSteno, 2013; Lim, Condon, & DeSteno, 2015). Entretanto, a despeito dessas descobertas promissoras, os mecanismos precisos da atenção plena, bem como seus correlatos neurobiológicos, são pouco conhecidos.

Não obstante, as práticas de *mindfulness* são úteis na clínica, pois parecem enfocar com sucesso processos cognitivos mal-adaptativos, como a preocupação e a ruminação, com o efeito de gerar um distanciamento entre os pensamentos das pessoas e sua autopercepção (com frequência resultando na constatação de que "Eu não sou meus pensamentos"). Estar plenamente atento (*mindful*) significa estar no momento presente e não pensar sobre eventos passados ou futuros ou pensar em assuntos que não têm relação com o momento presente. Estar plenamente atento significa também experienciar as emoções associadas ao estado presente. Embora muitas práticas de *mindfulness* enfoquem experiências agradáveis, o objetivo dos exercícios de atenção plena não é se sentir bem. Ao contrário, as práticas de atenção plena encorajam a pessoa a manter sua mente aberta e curiosa para experienciar o que quer que, de fato, esteja acontecendo, sem julgar ou tentar mudar essa realidade. Diferentemente, atitudes desatentas são automáticas e desprovidas de afeto, ou mesmo associadas ao afeto negativo. É interessante observar que, como tratarei mais à frente, existe uma relação direta entre o grau de *mindfulness* e o afeto.

Distanciamento e descentralização

A atenção plena em práticas de meditação sensorial (i.e., práticas focadas em respiração e outras experiências sensoriais) exercitam os processos atencionais voluntários dos clientes. As estratégias de meditação sensorial encorajam a pessoa a focar no momento presente, em vez de focar em eventos passados ou futuros, e a desenvolver uma postura de não julgamento em relação a quaisquer experiências, pensamentos e sentimentos. Esse processo também é constantemente chamado de *descentralização*, que se encontra intimamente relacionado com o conceito de distanciamento na TCC tradicional (Beck, 1970). Embora esses dois conceitos se sobreponham bastante, existem algumas diferenças sutis, tanto conceitual quanto praticamente, entre eles, especialmente no que diz respeito aos seus respectivos fundamentos teóricos. O distanciamento se refere ao processo de conquista de objetividade em relação a pensamentos ao se aprender a distinguir pensamentos de realidade. O distanciamento considera que o conhecimento pode ser obtido ao se avaliar os próprios pensamentos, que podem ser expressos na forma de hipóteses. Diferentemente, a descentralização, como entendida por alguns autores (p. ex., Hayes, 2004), considera um modelo teórico que não diferencia, em nível conceitual, pensamentos de comportamentos, pois pensamentos são concebidos como comportamentos verbais.

A inabilidade de uma pessoa de se engajar na descentralização e no distanciamento pode resultar na *fusão pensamento-ação* (TAF, do inglês *thought-action fusion*), que se refere à dificuldade em separar cognições de comportamentos. Tem sido proposto que a TAF abarca dois componentes distintos (Shafran, Thordarson, & Rachman, 1996). O primeiro componente é a crença de que ter um pensamento em particular aumenta a chance de que um evento de fato ocorra (probabilidade), ao passo que o segundo componente (moralidade) é a crença de que pensar em uma ação é equivalente a realizá-la. Por exemplo, para alguém envolvido em TAF, o pensamento de matar outra pessoa pode ser considerado moralmente equivalente a, de fato, matá-la. Shafran e colaboradores (1996) consideram que o componente moral é resultado da conclusão errônea de que ter pensamentos "maus" é um indicativo da "verdadeira" natureza e das intenções da pessoa.

A atenção plena é uma atividade que pode ser ensinada e praticada. Ela é também um traço e uma variável diferencial interindividual associada a uma responsividade emocional adaptativa, como demonstrado por alguns estudos experimentais recentes. Por exemplo, em um estudo de Arch e Craske (2010), alguns participantes foram avaliados em suas respostas a um estressor que induzia a hiperventilação. O traço da atenção plena se mostrou associado à diminuição de respostas a esse estressor em amostras com ansiedade clínica e sem ansiedade clínica. Outro estudo descobriu que esse traço predisse uma menor reatividade a uma tarefa que induzia hiperventilação em indivíduos com e sem ansiedade. Nesse estudo, o traço de atenção plena predisse respostas de cortisol menores e menor desconforto subjetivo a uma ameaça social avaliativa (Brown, Weinstein, & Creswell, 2012). Por fim, descobriu-se que o traço de *mindfulness* pode amortecer os efeitos mal-adaptativos da supressão de emoções desagradáveis (Bullis et al., 2014). Nesse estudo, treinamos participantes para utilizarem uma estratégia de supressão; então os instruímos a suprimir suas respostas à inalação de uma mistura de ar enriquecida com 15% de CO_2. Depois de controladas as variáveis relacionadas à ansiedade, o traço de atenção plena se mostrou o único preditor significativo do desconforto associado às emoções desagradáveis que emergiram a partir da supressão das sensações corporais causadas pela inalação do ar enriquecido com CO_2. Mais especificamente, a habilidade de fornecer descrições das experiências observadas predisse uma menor taxa de reatividade cardíaca à inalação de CO_2, ao passo que a competência em se restringir a atenção ao momento presente se mostrou, por si só, preditiva de um menor desconforto subjetivo. A tendência de se concentrar nos estímulos corporais ou sensoriais predisse um desconforto superior durante a inalação de CO_2. Esses estudos laboratoriais recentes apontam para a importância do traço *"mindfulness"* como um "amortecedor" para se lidar com situações estressantes.

Terapias baseadas em *mindfulness*

Terapias baseadas em *mindfulness* ganharam uma enorme popularidade e demonstraram ter alguns benefícios possíveis. Exemplos comuns de terapia baseada em *mindfulness* (MBT, do inglês *mindfulness-based therapy*) incluem a terapia cognitiva baseada em *mindfulness* (MBCT; p. ex., Segal et al., 2002) e a redução de estresse baseada em *mindfulness* (MBSR; p. ex., Kabat-Zinn, 1982). Revisões metanalíticas demonstraram que intervenções baseadas em *mindfulness* são eficazes para tratar depressão e ansiedade (Hofmann, Sawyer, Witt, & Oh, 2010; Khoury et al., 2013). Outros estudos demonstraram que a MBT também é eficaz para uma variedade de problemas psicológicos e, especialmente, para reduzir ansiedade, depressão e estresse (p. ex., Carmody & Baer, 2009; Grossman, Niemann, Schmidt, & Walach, 2004).

ASSENTANDO-SE E RESPIRANDO COM ATENÇÃO PLENA

Exercícios de *mindfulness* incluem treinar a atenção para interromper os automatismos, desacelerar os próprios pensamentos e intensificar a experiência da pessoa de estar no aqui e agora. Um exercício comumente utilizado é o "assentando-se e respirando com atenção plena".

NA PRÁTICA: ASSENTANDO-SE E RESPIRANDO COM ATENÇÃO PLENA

Na prática comum de meditação sentada, o cliente é encorajado a encontrar um local privativo, limpo, ordenado e quieto, sem quaisquer distrações. O local não deve estar muito frio ou muito quente, nem muito escuro ou muito claro. As instruções básicas são estas:

1. *Vista roupas largas e confortáveis. Você não deve estar com fome, nem muito cheio, e deve estar sóbrio. Assente-se sobre um travesseiro com seus joelhos no chão. Também pode ser útil um tapete confortável. Cruze suas pernas ou na posição de lótus parcial ou na posição de lótus total e se assente com a coluna ereta. Coloque suas mãos em suas coxas e as entrelace. Mantenha seus olhos entreabertos, sem focar em qualquer objeto em particular. Mantenha sua boca fechada e coloque sua língua no céu da boca.*

2. *Respire vagarosamente pelo nariz, do modo mais confortável possível para você (não tente controlar sua respiração respirando muito profunda ou superficialmente). Simplesmente permita que a respiração aconteça com você.*
3. *Não tente controlar seus pensamentos ou focar em qualquer objeto em particular. Permita que os pensamentos cheguem e partam. Esteja atento à presença, à sua própria e a dos outros, ao entorno e a quaisquer sensações, incluindo sua respiração e postura.*
4. *O objetivo é elevar sua consciência, e não alcançar um estado de sonolência. Em geral, as práticas são feitas todos os dias, mais ou menos no mesmo horário, e cada prática costuma durar de 20 a 40 minutos. Inicie com 10 minutos e, lentamente, aumente o tempo.*

ALIMENTANDO-SE COM ATENÇÃO PLENA

O ato de se alimentar é regido por uma motivação básica. Nossos corpos estão equipados com vários mecanismos de *feedback* que determinam quando devemos começar a nos alimentar, quando devemos parar e o que devemos comer. Essas pistas de *feedback* podem ser sutis, e perturbações nesses mecanismos podem levar a comportamentos alimentares desordenados.

Além de servir às nossas necessidades físicas, a alimentação também tem, praticamente em todas as culturas humanas, uma importante função social; os seres humanos se reúnem para comer e celebrar marcos importantes, indo desde casamentos e aniversários até graduações e funerais. Até mesmo prisioneiros no corredor da morte recebem um prato final antes de serem executados, o que salienta o poderoso papel da alimentação como um reforçador biológico, social e emocional.

A despeito da importância que os seres humanos conferem à alimentação comunitária em certas ocasiões, as refeições podem ter uma importância secundária durante nossas vidas cotidianas. Alimentar-se pode se tornar um aborrecimento e um método necessário para aliviar sentimentos desagradáveis de fome. Estabelecimentos de *fast-food* são populares porque satisfazem o instinto básico de fome da maneira mais rápida e menos custosa.

Além disso, comer pode ser uma maneira de regular emoções, estendendo-se desde o consumo de "*comfort food*" até o comportamento alimentar deturpado da bulimia nervosa, da anorexia nervosa e da obesidade. Comer pode ser um meio para se exercer controle sobre os outros ou de expressar opiniões políticas, como no caso de greves de fome. Finalmente, comer pode se tornar um hábito ou uma forma de aperfeiçoar outros comportamentos, como comer uma pipoca enquanto se assiste a um filme.

Comer serve a muitas funções distintas além de simplesmente satisfazer a fome das pessoas. O ato de se alimentar pode ser motivado por instinto (para satisfazer a fome), ou pode ser utilizado como um meio para regular emoções (como no caso da anorexia nervosa, da bulimia e de algumas formas de obesidade). Comer pode ser um ato desatento, habitual e automático (como no caso citado da pipoca), ou pode ser diligente e orientado para sensações (i.e., o comer em si mesmo, com todas as suas experiências agradáveis e possivelmente desagradáveis, está no centro de atenção da pessoa). O comer desatento comumente é habitual e rápido e, com frequência, serve a uma função de regulação emocional. Em contrapartida, o comer diligente é deliberado, lento e focado em sensações, a fim de maximizar a consciência da fome, a textura e o gosto da comida, o ato de se mastigar e engolir, bem como o sentimento de estar saciado. Comer com atenção plena pode incluir considerações e contemplações sobre a natureza, a origem e o processamento da comida. Por exemplo, quando estiver comendo uma maçã, a pessoa pode imaginar o fazendeiro que plantou as sementes ou a macieira que deu os frutos e a floração que atraiu a abelha que polinizou a fruta.

Essas considerações são consistentes com as visões budistas da inter-relação entre todos os seres vivos e podem maximizar a apreciação da experiência daquilo que se configura como o comer. Essas práticas são, obviamente, mais fáceis quando o tempo não é curto e quando a comida é saborosa e fresca, em vez de altamente processada e ensossa ou gordurosa.

Ao se alimentar atentamente, é aconselhado evitar, ao menos de início, alimentos azedos ou amargos, como limões ou toranjas, comidas muito processadas, como barras de chocolate e balas, e comidas de difícil mastigação, como as oleaginosas. O item alimentar ideal, especialmente no começo, deve ser algo familiar e que não demande muita mastigação. Idealmente, o alimento deve criar uma experiência gustativa agradável e duradoura, como uma banana ou uma uva passa. Exercícios posteriores podem incluir alimentos que são associados a texturas mais complexas, como chocolate amargo, maçãs, uvas, queijo ou pão. As instruções a seguir podem maximizar a experiência de se alimentar com atenção plena.

NA PRÁTICA: ALIMENTANDO-SE COM ATENÇÃO PLENA

Comer atentamente pode maximizar a experiência de se saborear a comida. Focando nas sutilezas da experiência de se alimentar, nós resistimos à ânsia de devorar uma refeição. Isso maximiza a satisfação comumente associada ao ato de se alimentar, mas também nos torna mais conscientes das pistas sutis que nos avisam para parar de comer ou para fazer uma pausa. Algumas instruções possíveis são as seguintes:

> *Explore a comida. Olhe para a comida à sua frente como se estivesse olhando para ela pela primeira vez; permita-lhe que percorra seus lábios para que você possa experimentar sua textura e temperatura; sinta seu aroma. Lentamente, coloque-a em sua boca e se concentre nas sensações que ela cria. Com sua língua, experimente devagar a textura e o gosto da comida. Perceba sua saliva envolvendo o alimento e perceba, também, como a experiência se modifica à medida que você, lentamente, mastiga a comida. Perceba seu impulso de engoli-la. Com calma, engula a comida e perceba a mudança de gosto e de textura à medida que você continua a comê-la.*
>
> *Enquanto estiver comendo, pense sobre a origem do alimento e quantos seres vivos estiveram envolvidos nessa experiência. Por exemplo, se você estiver comendo uma maçã, pense sobre a macieira que carregou exatamente a maçã que você está comendo. Pense nas abelhas que polinizaram a floração que deu origem ao fruto; pense no fazendeiro que colheu as maçãs e nos vendedores da vendinha que cuidaram dessa maçã.*
>
> Instruções complementares para futuro aperfeiçoamento da experiência podem incluir:
>
> 1. *Evite grandes mordidas; experimente comer com* hashis, *pois você colocará menos comida na boca a cada mordida.*
> 2. *Experimente comer com sua mão não dominante; isso maximiza a experiência de comer, ao mesmo tempo que diminui a quantidade de comida em sua boca a cada mordida.*
> 3. *Mastigue bastante; por exemplo, você pode tentar mastigar de 30 a 50 vezes a cada mordida; faça com que a refeição dure no mínimo 20 minutos.*
> 4. *Evite distrações, como telas eletrônicas e jornais.*
> 5. *Coloque menos comida do que tem vontade de comer.*

Atividades de atenção plena não se restringem a exercícios de se assentar, respirar e comer. Qualquer atividade pode passar de uma tarefa automática desatenta para uma experiência diligente (p. ex., Langer, 1989). Dirigir para o trabalho, beber vinho, fazer sexo, e assim por diante, são atividades que podem ser feitas de maneira desatenta ou diligente, neste caso, focando nas diferentes sensações e experiências, especialmente nos aspectos prazerosos. Se uma atividade é feita de modo diligente, ela gera um afeto mais intenso e comumente mais positivo do que se for realizada desatenta e automaticamente. *Mindfulness* demanda tempo e prática. O treino regular de *mindfulness* pode fazer com que atividades rotineiras, normais e automáticas se tornem significativas e feitas com diligência, isto é, com atenção plena.

Emoção em terapia **131**

MEDITAÇÃO DE BONDADE-AMOROSA E DE COMPAIXÃO

Os exercícios de meditação *mindfulness* mais conhecidos pelos ocidentais encorajam a consciência sem julgamento das experiências no momento presente. A meditação de compaixão (CM, do inglês *compassion meditation*) também demanda atenção plena, mas o foco da atenção não é direcionado somente às experiências sensoriais, mas à consciência e ao desejo de aliviar o sofrimento de todos os seres vivos e conscientes (i e., sencientes). Na meditação de bondade-amorosa (LKM, do inglês *loving-kindness meditation*), o foco é na preocupação amorosa e gentil com o bem-estar dos outros. A LKM tem por meta desenvolver um estado amoroso de bondade incondicional para com todas as pessoas. A LKM é particularmente útil para maximizar o afeto positivo. Em virtude de "bondade-amorosa" ser uma expressão atípica que pode causar alguma resistência, uma descrição alternativa pode ser *treinamento de afetos positivos*.

A LKM e a CM (bem como a alegria solidária e a equanimidade) são enxergadas como atributos que subjazem ao aspecto de não julgamento da consciência plena, pois, sem eles, julgamentos negativos podem interferir na constância da atenção plena. Por essa razão, a LKM e a CM incluem a prática de *mindfulness*. O objetivo da LKM é desenvolver um estado afetivo de bondade incondicional direcionado a todas as pessoas. A CM objetiva cultivar uma profunda e genuína simpatia para com as pessoas que se depararam na vida com infortúnios, junto a um desejo sincero de aliviar esse sofrimento (para uma revisão, ver Feldman, 2005; Hofmann, Grossman, & Hinton, 2011; Hopkins, 2001; Salzberg, 1995).

Crê-se que essas práticas de meditação ampliam a atenção, maximizam afetos positivos e reduzem estados afetivos negativos. Além disso, acredita-se que elas alternam a visão básica da pessoa a respeito do *self* em relação aos outros e aumentam a empatia e a compaixão (Dalai Lama & Cutler, 1998). Nas práticas budistas tradicionais, a LKM é considerada particularmente útil para as pessoas que têm uma forte tendência à hostilidade ou à raiva (p. ex., Analayo, 2003; Sheng-Yen, 2001).

Pano de fundo histórico

A bondade-amorosa, também conhecida como *metta* (em Pali), é uma expressão derivada do budismo. Ela se refere a um estado mental de bondade altruísta e incondicional voltada para todos os seres (Dalai Lama, 2001). A compaixão

132   Stefan G. Hofmann

(*karunaa*) pode ser definida como uma emoção que desencadeia o desejo de que as pessoas se libertem do sofrimento e de suas causas (Hopkins, 2001).

Na tradição budista, a LKM e a CM foram combinadas com outras práticas de meditação, especialmente a meditação *mindfulness*. As meditações de bondade-amorosa e de compaixão estão intimamente ligadas à noção budista de que todos os seres vivos estão inextrincavelmente conectados. Aliadas à bondade-amorosa e à compaixão, a alegria solidária (*mutida*; i.e., a alegria pela alegria alheia, o oposto de *schadenfreude*) e a equanimidade (*upekkha*; ser calmo e equilibrado) são aspectos que constituem os quatro *brahma-viharas*. Estes são tidos como quatro estados sublimes (também conhecidos como nobres e divinas moradas, ou "imensuráveis"); para mais detalhes, ver Buddhaghosa (1975). Essas quatro qualidades de atitude constituem a fundação do sistema ético budista e são vistas como características necessárias para se alcançar *insights* das operações de nossas próprias mentes e do mundo à nossa volta, bem como para alcançar uma vida isenta de miséria. De acordo com a visão budista, a fim de se prestar eficazmente atenção momento a momento ao perceptível (um ato inerentemente cognitivo), a pessoa precisa cultivar essas quatro qualidades. Sem a presença delas, quando confrontadas por percepções desagradáveis ou negativas (p. ex., pensamentos negativos acerca de si mesmo, emoções perturbantes ou imagens desconfortáveis), os budistas acreditam que a pessoa provavelmente se engajaria em um estado de mente avaliativo ou ruminativo. Nesse estado de mente, a pessoa seria incapaz de experienciar seu estado emocional como um objetivo de atenção e de consciência plena. Então, os budistas creem que apenas quando somos capazes de confrontar sensações, emoções ou pensamentos difíceis com um grau de bondade, compaixão e compostura é que conseguimos nos atentar para a variedade de texturas das experiências do momento presente de uma maneira diligente.

Técnicas de meditação

As práticas budistas geralmente combinam a LKM e a CM. De modo similar, a maioria dos estudos psicológicos combinaram ambas as abordagens (Hofmann, Grossman, & Hinton, 2011; Lutz, Greischar, Perlman, & Davidson, 2009). Em sua forma elaborada, a meditação de compaixão, facilitada por um mediador, propõe uma série de "contemplações" (i.e., pensamentos). De acordo com a tradição budista (Livro 1, *uraga vagga* [o livro da cobra], *cunda kammaraputta sutta* [NA 10.176]), em cada estágio, o exercício de meditação consiste em pensar sobre aspirações específicas (desejos) para outra pessoa, incluindo o seguinte: (1) que a pessoa seja livre da inimizade; (2) que a pessoa seja livre do sofrimento mental; (3) que a pessoa seja livre do sofrimento físico; e (4) que a pessoa cuide de si mesma alegremente (ver, p. ex., Chalmers, 2007; Dalai Lama, 2001). Em geral, o exercício começa ao direcionar esse sentimento de compaixão em relação a si mesmo ou a outras pessoas específicas, a depender do que for mais fácil. De maneira semelhante, durante a LKM, a pessoa geralmente procede de tipos de contemplação mais simples para mais difíceis. O sentimento é, em geral, estendido a um círculo sempre em expansão de outras pessoas, irradiando em todas as direções (norte, sul, leste, oeste), embora a ordem possa ser alterada para acomodar preferências individuais.

Ao se praticar a LKM, a pessoa gentilmente repete certas frases, a fim de direcionar um sentimento de energia positiva, chamado de *metta*, a outras pessoas, bem como a si mesmo. *Metta* se refere a um estado mental de bondade altruísta e incondicional voltado para todos os seres. As frases não devem ser usadas como um mantra que perde seu significado com a repetição. Contrariamente, as frases devem manter o foco atencional da pessoa em *metta* e em seu alvo. Portanto, as frases devem ser utilizadas diligentemente a cada vez, direcionando a consciência plena da pessoa para as frases, para o seu significado e para os sentimentos surgidos a partir delas. A LKM é baseada na ideia budista de que todos os seres vivos estão conectados e de que a felicidade parte do conhecimento de nossa conexão com todos os seres.

A LKM pode ser praticada a qualquer momento e em diferentes posturas, como quando se está sentado, deitado ou andando (Buddharakkhita, 1995; Dalai Lama, 2001). Contudo, é melhor praticá-la enquanto se está assentado confortavelmente em um local tranquilo, sem distrações. As práticas podem ser bem simples em suas formas rudimentares. Elas geralmente incluem dirigir esses sentimentos a si mesmo, a pessoas específicas ou a todas as direções e a todos os seres.

NA PRÁTICA: MEDITAÇÃO DE BONDADE-AMOROSA

Durante a LKM, a pessoa geralmente procede de tipos mais simples para tipos mais desafiadores de contemplação (Buddharakkhita, 1995; Dalai Lama, 2001). Uma sequência comum é a seguinte:

1. Foque no *self*.
2. Foque em um "benfeitor" ou em um grande amigo (i.e., uma pessoa que ainda está viva e que não desperte desejos sexuais).
3. Foque em alguém neutro (i.e., uma pessoa que geralmente não desencadeia nem sentimentos particularmente positivos nem negativos, mas com quem se encontra comumente durante um dia normal).

4. Foque em uma pessoa "difícil" (i.e., uma pessoa que geralmente é associada a sentimentos negativos).
5. Foque no *self*, no grande amigo, na pessoa neutra e na pessoa difícil (com a atenção igualmente dividida entre eles).
6. Foque em todos os seres que habitam a leste, a oeste, a norte, a sul e em todo o universo.

Essas práticas não devem ser encaradas meramente como repetições mecânicas de imagens ou frases. Assim, ao investigarmos cuidadosamente o que ocorre quando alguém tenta se engajar na bondade-amorosa ou na compaixão, percebemos que um resultado possível são *insights* sobre a natureza dessas emoções em si mesmas, bem como sobre as relações íntimas das pessoas com essas emoções. Além do mais, acredita-se que ocorra uma mudança nesses estados afetivos em direção à bondade-amorosa e à compaixão ao enfocar as experiências de um modo bondoso, aberto, paciente e tolerante.

O objetivo central é gerar *metta*, uma forma energética de afeto positivo. O objeto particular visado nesse exercício é, na verdade, secundário. Por exemplo, alternativas ao "benfeitor" podem ser um animal de estimação querido ou um amigo de infância, e uma "pessoa neutra" pode ser um atendente de uma mercearia. Quando se estiver focando em uma pessoa difícil, o cliente deve começar com uma pessoa com a qual a dificuldade seja relativamente branda; por exemplo, alguém levemente irritante ou implicante, e não uma pessoa que tenha magoado o cliente profundamente.

Repare que praticar a LKM se voltando para uma pessoa difícil não justifica as ações dessa pessoa. Embora o perdão seja uma consequência natural dessas práticas, ele não é o foco principal de início. Igualmente, não é o objetivo "gostar" da pessoa; o objetivo é simplesmente desejar felicidade à pessoa, abraçando a constatação de que todas as pessoas merecem viver vidas felizes e isentas de qualquer sofrimento. Por outro lado, desejar infelicidade às pessoas leva à infelicidade na própria vida. Nas palavras de Dalai Lama, "Nutrir a raiva por outra pessoa é como engolir veneno e esperar que outra pessoa morra". Isso é consistente com a tradição budista que conceitualiza *metta* e *karuna* como sendo dois *brahma viharas* que são incompatíveis com a raiva, com o ódio, com a inveja e com o ciúme. Pessoas raivosas são pessoas infelizes, e a verdadeira felicidade nunca é autocentrada, e sim sempre radiante e inclusiva, pois todos os seres estão conectados, e todos os seres humanos são parte de uma humanidade comum. Isso é enfatizado pela constatação de que todos os seres desejam ser felizes (p. ex., Salzberg, 1995).

Emoção em terapia **135**

Evidências empíricas

Ambas as práticas de meditação abordadas foram investigadas em experimentos psicológicos apenas recentemente (Carson et al., 2005; Fredrickson et al., 2008; Hutcherson, Sepala, & Gross, 2008). O construto *autocompaixão* se encontra relacionado à bondade-amorosa e à compaixão, referindo-se à compaixão voltada para o sofrimento da própria pessoa. Ela envolve gerar o desejo de aliviar o próprio sofrimento, curando-se pela bondade, reconhecendo a própria humanidade compartilhada e sendo diligente quando considera aspectos negativos de si mesmo (Gilbert & Procter, 2006; Leary, Tate, Adams, Allen, & Hancock, 2007; Mayhew & Gilbert, 2008; Neff, 2003; Neff & Vonk, 2009).

As evidências empíricas sugerem que elementos da LKM e da CM podem ser exercitados dentro de um período relativamente curto. Por exemplo, o estudo de Hutcherson e colaboradores (2008) sugere que até mesmo um treino de 7 minutos diários de LKM pode gerar melhorias leves ou moderadamente fortes nos sentimentos positivos em relação a estranhos e a si mesmo. Contudo, o período de treinamento em LKM provavelmente demandará mais tempo. Em outros estudos com populações não clínicas, o treinamento consistiu em seis sessões semanais de 60 minutos cada (Fredrickson et al., 2008; Pace et al., 2009, 2010). O exercício de LKM em si durou apenas 15 a 20 minutos (p. ex., Fredrickson et al., 2008), embora os efeitos também tenham sido modestos. Em estudos clínicos, o treinamento em LKM consistiu em 12 sessões semanais de 2 horas de duração cada para o tratamento de ansiedade, raiva e problemas de humor, utilizando-se de uma modificação da CM (Gilbert & Procter, 2006), 12 sessões semanais de 1 hora de duração cada para o tratamento de sintomas paranoides em clientes com esquizofrenia (Mayhew & Gilbert, 2008) e 8 sessões semanais de 1 hora de duração cada para a redução de dor lombar crônica (Carson et al., 2005). Sendo assim, a LKM e a CM podem ter um efeito positivo sobre as emoções e sobre o funcionamento psicológico mesmo depois de um período de treinamento relativamente curto.

Deve-se observar, porém, que os efeitos de treinamentos de curta duração focados em atenção positiva não terão os mesmos efeitos de treinamentos sistemáticos nos quais as pessoas passam muitas horas engajadas em LKM ou CM voltadas para si mesmas, para as pessoas que amam ou até mesmo para inimigos. O pressuposto básico budista é de que essas habilidades levam tempo e prática consideráveis para serem desenvolvidas, e examinar os efeitos dessas práticas em um laboratório ao dar instruções breves a iniciantes vai contra esse pressuposto. Portanto, é bem possível que os treinamentos tenham efeitos bem diferentes quando se compara iniciantes com pessoas experientes que têm pra-

136 Stefan G. Hofmann

ticado há décadas (como nos estudos de Lutz, Slagter, Dunne, & Davidson, 2008; Lutz et al., 2009).

Por fim, é bem provável que técnicas de CM e LKM demandem uma integração com práticas de *mindfulness* para estabelecerem a concentração e a atenção demandadas pela LKM e pela CM (Analayo, 2003; Pandita, 1992; Sheng-Yen, 2001; Dalai Lama, 2001). Quando efeitos de LKM foram examinados sozinhos em um teste intervencionista (Fredrickson et al., 2008), os efeitos sobre o afeto positivo se mostraram significativos, mas pequenos. É necessário realizar mais pesquisas examinando a CM e, especialmente, a LKM em um teste controlado randomizado.

Concluindo, a literatura até então sugere que a LKM e a CM são técnicas altamente promissoras para aperfeiçoar o afeto positivo e para reduzir o estresse e o afeto negativo com a ansiedade e os sintomas de humor. A LKM parece ser particularmente útil no trabalho de problemas interpessoais, como os problemas de controle da raiva. Além disso, a CM e a LKM parecem ser particularmente úteis para tratar problemas de relacionamento, como conflitos conjugais ou para contra-atuar nos desafios vivenciados por pessoas que oferecem cuidado profissionalmente, ou não profissionalmente, como o cuidado de longo prazo para um parente ou amigo.

RESUMO DE PONTOS CLINICAMENTE RELEVANTES

- A psiquiatria tem focado principalmente em reduzir o afeto negativo, mas muito pouco em aumentar o afeto positivo. As pessoas diferem no grau em que experienciam os afetos negativo e positivo. O afeto positivo se encontra associado à felicidade, à vitalidade e ao bem-estar.

- A felicidade e o afeto positivo são difíceis de predizer. No entanto, esses estados emocionais predizem, por sua vez, a saúde física e mental.

- *Mindfulness* (atenção plena) é um termo difícil de se definir. Ele se refere ao processo mental de se distanciar dos próprios pensamentos. A atenção plena é definida como o processo que conduz a um estado mental caracterizado pela consciência diligente e sem julgamento da experiência do momento presente, incluindo sensações, pensamentos, estados corporais, fluxo de consciência e ambiente da pessoa, estimulando a abertura, a curiosidade e a aceitação.

- Estar plenamente atento significa estar no momento presente, em vez de pensar sobre eventos do passado ou do futuro ou pensar sobre assuntos que não estão relacionados ao momento presente. Em contrapartida, ações desatentas são automáticas e livres de afeto ou até mesmo associadas ao afeto negativo, como no caso da mente errante.

Emoção em terapia **137**

- Treinamentos em *mindfulness* são exercícios objetivando experienciar o momento presente de um modo isento de julgamento e aberto. Esses exercícios se mostraram efetivos para lidar com estilos de pensamento ruminativos e preocupados, que são comumente encontrados na depressão e na ansiedade, respectivamente.

- As meditações de bondade-amorosa e de compaixão (LKM e CM, respectivamente) podem promover sentimentos de felicidade e afetos positivos tanto temporários quanto de longa duração. Essas práticas meditativas também podem diminuir estados de afeto negativo, alternar a visão básica da pessoa acerca de seu próprio *self* em relação aos outros e aumentar a empatia.

- CM e LKM podem ser particularmente úteis para tratar problemas de controle de raiva, depressão e distimia, bem como problemas de relacionamento, como conflitos conjugais, ou para contrariar os desafios encontrados entre cuidadores profissionais ou não profissionais que devem fornecer cuidado de longa duração para um familiar ou amigo.

8

Neurobiologia das emoções

Uma revisão dos correlatos neurobiológicos das emoções ocuparia facilmente um livro separado, com capítulos completos cobrindo diferentes estados emocionais. Assim, uma breve revisão como a que posso oferecer aqui é, necessariamente, seletiva e incompleta. Nessa revisão, discuto principalmente os correlatos biológicos dos tópicos de que tratei nos capítulos anteriores. Mais especificamente, algumas das perguntas que abordo são: quais estruturas cerebrais estão ligadas às emoções e à regulação emocional? Qual é o relacionamento entre emoções e cognições em nível neurobiológico? Como os indivíduos diferem entre si em nível neurobiológico? Concentro-me principalmente nos correlatos neurobiológicos do medo e da ansiedade, pois a maior parte das investigações neuropsicológicas acerca das emoções tem se concentrado no circuito neural do medo e de estados emocionais relacionados.

SISTEMAS NEUROBIOLÓGICOS DAS EMOÇÕES

Jeffrey Gray foi o primeiro a formular uma teoria neuropsicológica influente da ansiedade, que passou por certas modificações e depurações durante os anos seguintes (Gray, 1987, 1990) e foi atualizada recentemente (Gray & McNaughton, 1996). Embora tenha enfocado principalmente a ansiedade, sua teoria teve implicações abrangentes para a pesquisa em emoção, pois enfatizou a importância do contexto e das expectativas. Em essência, o modelo de Gray postula a existência de três sistemas neuropsicológicos fundamentais distintos no cérebro mamífero: o sistema de aproximação comportamental, o sistema de luta ou fuga e o

140 Stefan G. Hofmann

sistema de inibição comportamental (BIS, do inglês *behavioral inhibition system*). A experiência subjetiva do "medo", de acordo com a teoria de Gray, encontra-se mais intimamente relacionada ao sistema de luta ou fuga, ao passo que a "ansiedade" é considerada resultado do BIS. No contexto da teoria de Gray, o sistema de luta ou fuga é ativado por punições incondicionadas ou pela ausência de recompensas, ao passo que o BIS é ativado por sinais de punições ou ausência de recompensas (i.e., por estímulos condicionados), estímulos inatos e estímulos inéditos. Foi feita a hipótese de que uma elevada sensibilidade do BIS (Fowles, 1993) ou um BIS hiperativo (Quay, 1988, 1993) resultaria em maior responsividade comportamental a pistas de punição iminente e, portanto, maior suscetibilidade a transtornos de ansiedade ou depressivos. Embora a teoria de Gray tenha sido influente entre os pesquisadores da ansiedade, ela teve relevância limitada para outros estados emocionais em seres humanos e para a prática clínica.

Estudos mais recentes focaram no papel da amígdala como uma estrutura cerebral importante envolvida no processamento de emoções, especialmente do medo. Esses estudos demonstraram que a estimulação aversiva, consistentemente, ativa um caminho subcortical do tálamo aos núcleos amigdaloides (p. ex., Davis & Whalen, 2001; LeDoux, 200). Parece que existem circuitos separados ramificando-se ou através da substância cinzenta periaquedutal, mediando respostas somáticas emocionais (chamadas de "resposta de congelamento" em ratos), ou através da região lateral do hipotálamo, levando à ativação autonômica. Uma vez estabelecida, essa rede neural pode influenciar outro comportamento associado, uma vez que estímulos condicionados ativam esse mesmo circuito do medo.

LeDoux e outros demonstraram, a partir de experimentos com animais, que a amígdala é particularmente importante para o processamento e a expressão de emoções (p. ex., LeDoux, 2000). O modelo de LeDoux considera que pistas emocionais são processadas em duas vias distintas, que diferem entre si quanto à sua velocidade e à profundidade de processamento. Primeiro, a informação visual de um objeto potencialmente ameaçador é projetada sobre o tálamo visual, que é a estação central de transmissão do *input* ("entrada" de informação) sensorial visual, e então passa diretamente para a amígdala, que tem conexões próximas com o sistema nervoso autônomo. O *input* pode acionar o sistema de luta ou fuga com pouca ou nenhuma atenção consciente. LeDoux (2000) batizou esse processo de *via inferior* até a amígdala, pois o processo ocorre sem o envolvimento de partes corticais mais superiores. Em complemento a esse processo subcortical, considera-se que a informação também é enviada do tálamo até o córtex visual, que depois processa a informação. Processos corticais superiores podem inibir a ativação da amígdala, suprimindo a resposta inicial de luta ou fuga. Em virtude de esse caminho até a amígdala envolver centros corticais superiores, LeDoux (2000) se referiu a ele como a *via superior* até a amígdala. Isso significa que a resposta de luta ou fuga é uma resposta automática movida centralmente por estruturas cerebrais subcorticais. Áreas corticais superiores podem suprimir esse processo, mas não podem impedi-lo de ocorrer. Contudo, é importante notar que, em seres humanos, é possível ter emoções na ausência da amígdala. Por exemplo, pessoas com a síndrome de Urbach-Wiethe, um transtorno genético recessivo raro, encontrado principalmente em pessoas vivendo na parte norte da África do Sul, passam por uma degeneração progressiva da amígdala, mas ainda demonstram medo e outras emoções. Isso sugere que o medo e outras emoções podem ser experienciadas mesmo sem a amígdala.

Mais recentemente, LeDoux (2015) apresentou uma visão bem diferente e significativamente refinada dos correlatos neurobiológicos das emoções. A maior parte da pesquisa em neurociências até hoje tem partido do pressuposto implícito de que o circuito neural básico identificado no cérebro dos roedores quando expostos a uma ameaça, por exemplo, traduz-se diretamente para as emoções humanas, como o medo ou a ansiedade. Em seu livro, LeDoux argumenta convincentemente que essa abordagem é falha, pois uma emoção, por definição, é uma experiência consciente. Embora os processos básicos e inconscientes observados em estudos com animais contribuam com as emoções em seres humanos, esses processos não devem ser equiparados a processos emocionais. Essa visão é, de modo geral, consistente com a abordagem às emoções que adotei neste livro, como foi descrito detalhadamente no Capítulo 4 e em outras partes.

Estudos com seres humanos sugerem que áreas cerebrais localizadas em frente ao neocórtex (i.e., as áreas pré-frontais), especialmente aquelas nas áreas ventral (anterior), dorsal (posterior) e lateral (do lado), se encontram particularmente implicadas nas emoções. Correlatos neurobiológicos destacadamente importantes das emoções parecem se concentrar nas porções ventrais do córtex pré-frontal (PFC, do inglês *prefrontal cortex*) (que estão implicadas geralmente na linguagem ou em respostas inibitórias), nas porções dorsais do PFC (que estão implicadas na memória de trabalho e na atenção seletiva), nas partes dorsais do córtex cingulado anterior (ACC, do inglês *anterior cingulate cortex*) (que estão implicadas no monitoramento de processos de controle), nas partes dorsais do PFC medial (que estão implicadas em refletir sobre os estados emocionais dos próprios indivíduos ou de outras pessoas) e na ínsula (que recebe *inputs* sensoriais e parece ter um papel geral na experiência afetiva; para uma revisão, ver Ochsner & Gross, 2008).

Os neurocientistas examinaram principalmente esses circuitos neurais das emoções (particularmente o do medo) por meio de estudos laboratoriais com ratos. Um paradigma comum no estudo do medo consiste em administrar um choque elétrico junto a outros estímulos. O correspondente, em seres humanos, desse desenho é o paradigma da piscadela (p. ex., ver Lang, Bradley, & Cuthbert, 1990). Com base no *reflexo de sobressalto de medo potenciado*, apresenta-se às pessoas um barulho alto através de fones enquanto se mensura a força da piscadela em resposta a esse barulho. Essa piscadela pode ser mensurada via eletromiograma e é utilizada como medida do medo. A piscadela é mais forte (potenciada) quando as pessoas estão em um estado de medo (p. ex., quando expostas a imagens desagradáveis e amedrontadoras). Outros experimentos laboratoriais que examinam a regulação emocional em seres humanos envolvem apresentar aos participantes estímulos emocionais, como imagens e vídeos, e dar-lhes instruções específicas para que "lidem com suas emoções" enquanto se monitora sua atividade cerebral.

NEUROBIOLOGIA DA REGULAÇÃO EMOCIONAL

Experimentos com seres humanos identificaram muitas áreas cerebrais que estão envolvidas na regulação emocional. Por exemplo, em um experimento, foram apresentadas imagens neutras (p. ex., uma lâmpada) ou de valência negativa (p. ex., um corpo mutilado) a mulheres saudáveis enquanto faziam ressonância magnética funcional (RMf) que mediu sua ativação cerebral (Ochsner, Bunge, Gross, & Gabrieli, 2002). As mulheres foram instruídas para que olhassem a imagem e experienciassem por completo qualquer resposta emocional que ela pudesse desencadear. A imagem permaneceu na tela por um período adicional com as instruções para que se olhasse simplesmente para ela ou para que se reavaliasse o estímulo. Como parte das instruções de reavaliação, solicitou-se às mulheres que reinterpretassem a imagem negativa de modo que ela não gerasse mais a resposta afetiva negativa (p. ex., a imagem do corpo mutilado faz parte de um filme de terror que não é real). Como predito pelo modelo de LeDoux (2000), a reavaliação das imagens negativas reduziu seu afeto negativo (i.e., as mulheres relataram menos afetos negativos) e se associou a uma atividade aumentada em estruturas corticais superiores (incluindo regiões dorsais e ventrais do PFC lateral esquerdo e do PFC dorsomedial, bem como uma atividade reduzida na amígdala). Ademais, a ativação aumentada no PFC ventrolateral se correlacionou com uma ativação diminuída na amígdala, sugerindo que essa parte do PFC pode ter um papel importante na regulação consciente e voluntária de processos emocionais.

Várias revisões de estudos com seres humanos descreveram as relações entre regiões subcorticais envolvidas na reatividade emocional, incluindo a amígdala e as regiões corticais envolvidas na regulação emocional (p. ex., Davidson, Jackson, & Kalon, 2000; LeDoux, 2000; Ochsner & Grossm 2008). Respostas anormais de medo podem resultar na hiperatividade da amígdala e em anormalidades no controle pré-frontal, entre outras estruturas (p. ex., Beck, 2008). A terapia cognitivo-comportamental (TCC) bem aplicada pode resolver essas anormalidades (p. ex., Clark & Beck, 2010; DeRubeis, Siegle, & Hollon, 2008).

A reavaliação é complexa de um ponto de vista cognitivo e demanda processos necessários à geração, à manutenção e à implementação de uma estrutura cognitiva, bem como processos que rastreiam mudanças nos estados emocionais das pessoas. Resumindo a literatura em neuroimagem, Ochsner e Gross (2008) concluíram que a reavaliação se associa a ativações de porções ventrais do PFC (que estão implicadas geralmente na linguagem ou em respostas inibitórias), de porções dorsais do PFC (que estão implicadas na memória de trabalho e na atenção seletiva), de porções dorsais do ACC (que estão implicadas no monitoramento de processos de controle) e de porções dorsais do PFC medial (que estão implicadas em refletir sobre os estados afetivos da própria pessoa e dos outros). Além disso, a reavaliação parece modular sistemas envolvidos em diferentes aspectos da avaliação emocional, incluindo a amígdala (que está implicada na detecção e na codificação de estímulos afetivos ativadores) e a ínsula (que recebe *inputs* sensoriais e parece ter um papel geral na experiência afetiva).

É interessante observar que a reavaliação e a supressão (esta última sendo, comumente, uma estratégia mal-adaptativa) demonstram ter diferenças curiosas na ativação cerebral. No caso da supressão, o engajamento frontal tardio produziu uma ativação amígdala-ínsula aumentada ao longo do tempo, ao passo que, para a reavaliação, o engajamento frontal inicial produziu uma atividade da amígdala-ínsula diminuída ao longo do tempo. Isso endossa descobertas que mostram que a reavaliação e a supressão, duas estratégias de regulação com efeitos distintos sobre o comportamento, podem depender de sistemas de controle similares, embora em momentos diferentes (Ochsner & Gross, 2008).

Eu e meus colaboradores apresentamos um sistema teórico que demonstra como cognições ligadas à ansiedade que levam à evitação são, especificamente, produtos de mecanismos neurais de hiperatividade (Hofmann, Ellard, & Siegle, 2012). De acordo com esse modelo, cognições ligadas à ansiedade são compreendidas como pontos de decisão durante o processamento da informação ameaçadora. Depois de uma ameaça em potencial ser percebida e detectada, pontos de decisão subsequentes envolvem selecionar estratégias de enfrentamento adequadas , que, então, devem ser aplicadas com a finalidade de proteger a si mesmo da ameaça e de regular o afeto negativo associado ao processamento da ameaça. Esses pontos de decisão se encontram associados à ativação de estruturas cerebrais específicas, a depender do nível de processamento de informação. A amígdala está envolvida no estágio inicial, seguida pelo hipocampo e pelo córtex insular e, depois, pelos córtices cingulado anterior e pré-frontal (ver Figura 8.1).

A Figura 8.1 mostra que estruturas cerebrais distintas são ativadas em pontos diferentes ao longo da dimensão temporal quando emoções são desencadeadas e experienciadas (ver Capítulo 1 para uma discussão aprofundada sobre a natureza das emoções). Em seguida, ela diferencia os níveis psicológico, biológico e psicofisiológico do processamento emocional. Isso não sugere uma relação do tipo causa-efeito entre ativação cerebral e processamento emocional. Em vez disso, sugere uma associação entre esses níveis, a depender do nível de processamento de uma emoção. Alguns estados patológicos, como a depressão, parecem se associar a uma função pré-frontal diminuída, produzindo um controle regulatório decaído. Outros estados emocionais, como medo excessivo e ansiedade anormal, envolvem o controle regulatório preservado diante de crenças aprendidas sobre a adequação e a utilidade de estratégias de enfrentamento de evitação. Fazer uso dessas estratégias pode levar à manutenção desses estados emocionais mal-adaptativos (Hofmann, Ellard et al., 2012).

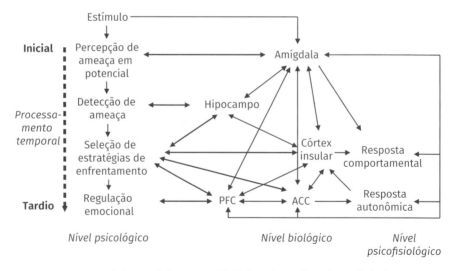

FIGURA 8.1 Um modelo cognitivo-neurobiológico do medo e da ansiedade.
De Hofmann, Ellard, & Siegle (2012). Copyright 2012, Taylor & Francis. Reimpressa com permissão.

A relação entre cognição e emoção e seus correlatos cerebrais está intimamente conectada ao conceito de *default network* (rede predefinida) em neurociências (Raichle, 2006). Desde a emergência das ciências modernas do cérebro, duas perspectivas rivais acerca das funções do cérebro surgiram. Uma perspectiva enxerga o cérebro principalmente como um órgão reflexo, movido por demandas momentâneas do ambiente; a outro considera as operações cerebrais principalmente como intrínsecas por natureza. Embora a primeira perspectiva venha sendo a visão dominante na pesquisa em neurociências, evidências acumuladas sugerem que a atividade cerebral não é apenas uma resposta a estímulos externos. Ao contrário, parece que, quando uma pessoa está acordada e alerta, mesmo que não engajada ativamente em uma tarefa que demande atenção, existe um estado predefinido de atividade cerebral (Raichle et al., 2001; Raichle, 2006). Em meio a outras áreas, esse estado predefinido envolve o PFC medial, o cingulado posterior e o pré-cúneo. Quando a atenção focada é necessária (p. ex., quando informações inéditas se apresentam), a atividade dentro dessas áreas é atenuada, o que reflete uma redução necessária em fontes devotadas ao acúmulo e à avaliação de informações gerais. Dito de outro modo, acredita-se que neurônios recebem continuamente tanto *inputs* excitatórios (i.e., informações que tendem a aumentar a ativação) quanto inibitórios (i.e., informações que tendem a reduzir a ativação). Esse "balanço" poderia, então, ser responsável pela atividade intrínseca do cérebro que lhe permite manter e interpretar informações, bem como responder a elas e, possivelmente, predizer eventos no ambiente. Esse princípio se aplica a quaisquer atividades cerebrais, incluindo aquelas evolvidas nas emoções.

CORRELATOS DA EMPATIA

Considerou-se que observar e imaginar outra pessoa em determinado estado ativa um estado parecido no observador. Observar ou imaginar o estado emocional de outra pessoa ativa as mesmas partes de circuitaria neural que estão envolvidas em processar esse mesmo estado na própria pessoa (Preston & DeWaal, 2002). Isso também é conhecido como o *modelo percepção-ação de estados de empatia*. Estudos de imagens cerebrais demonstraram que esse processo se encontra, principalmente, associado à ativação na ínsula e no ACC (Ruby & Decety, 2004; Lutz, Brefczynski-Lewis, Johnstone, & Davidson, 2008; Lutz et al., 2009). Alguns desses estudos examinaram a ativação cerebral por meio da RMf e de correlatos psicofisiológicos (frequência cardíaca) durante a meditação de monges tibetanos que passavam entre 10 e 50 mil horas praticando meditação, a maioria enquanto praticava as meditações de bondade-amorosa e de compaixão (Lutz, Brefczynski-Lewis, et al., 2008; Lutz et al., 2009). Em um desses estudos, Lutz, Brefczynski-Lewis e colaboradores (2008) pediram a praticantes de meditação experientes e iniciantes que ou meditassem ou simplesmente descansassem enquanto eram expostos a vocalizações humanas positivas (bebês rindo), neutras (barulhos de fundo de um restaurante) ou negativas (uma mulher estressada). Os resultados mostraram que, durante a meditação, a ativação na ínsula foi maior durante a apresentação de sons negativos do que de sons positivos ou neutros nos experientes em relação aos iniciantes. Além do mais, o grau de ativação da ínsula se mostrou associado à intensidade autorrelatada da meditação em ambos os grupos. Uma análise de uma subamostra revelou posteriormente que a ativação do ACC dorsal se mostrou associada à meditação, especialmente entre os praticantes experientes, e que a parte direita medial da ínsula revelou uma associação mais forte com a frequência cardíaca entre os participantes. Essa associação foi mais forte na ínsula esquerda medial quando do os praticantes experientes foram comparados com os iniciantes (Lutz et al., 2009).

A ínsula é importante para a detecção de emoções, o mapeamento de sintomas fisiológicos das emoções (como a frequência cardíaca) e para fazer com que essa informação fique disponível para outras partes do cérebro. A meditação parece aumentar a atividade na amígdala, que é importante para o processamento de estímulos emocionais, e na junção temporoparietal direita, uma área que está implicada na empatia e quando se percebe estados mentais e emocionais das outras pessoas. Esses estudos sugerem que a meditação de bondade-amorosa e a meditação de compaixão podem maximizar a ativação de áreas cerebrais que estão envolvidas no processamento emocional da empatia.

Um estudo randomizado de Pace e colaboradores (2009) sujeitou adultos saudáveis a 6 semanas de treinamento em meditação de compaixão, contrastando com um grupo controle que incluía apenas discussões sobre a saúde. Esse estudo mediu o cortisol (um hormônio do estresse), a concentração plasmática de interleucina 6 (uma substância envolvida na resposta inflamatória e no sistema imune) e a resposta de ansiedade subjetiva a um teste de estresse social que envolvia uma tarefa de desempenho social. Embora os grupos não tenham demonstrado diferença nas concentrações plasmáticas de cortisol ou interleucina 6, a prática de meditação se mostrou associada a uma diminuição de interleucina 6 induzida por estresse e em relatos subjetivos de desconforto no grupo da meditação. Essas descobertas sugerem que a meditação de compaixão reduz o desconforto subjetivo e a resposta imune induzida por estresse. Contudo, em virtude de o teste de estresse ter sido feito depois, e não antes, do treinamento em meditação de compaixão, é possível que associações entre o tempo de práti-

Emoção em terapia **147**

ca de meditação de compaixão e desfecho na tarefa de estresse tenham se dado devido às diferenças entre as respostas de estresse dos participantes do que à prática em si. A fim de avaliar essa fraqueza, os autores conduziram um estudo subsequente com um paradigma idêntico, cuja única diferença foi o teste de estresse ter sido conduzido antes do treinamento (Pace et al., 2010). Dessa vez, não foi encontrada nenhuma associação entre a resposta de estrese e a quantidade subsequente de treinamento em meditação de compaixão. Os autores interpretaram essas descobertas como indícios de que a meditação de compaixão reduz as respostas subjetivas e fisiológicas ao estresse psicossocial.

DIFERENÇAS INDIVIDUAIS EM NEUROBIOLOGIA

Como salientado anteriormente, a amígdala parece ser particularmente importante para o processamento do medo e da ansiedade. Essa estrutura cerebral tem uma densidade elevada de receptores de ácido gama-aminobutírico (GABA), e bebês nascidos com uma menor densidade são mais vulneráveis a desenvolver problemas relacionados ao medo e à ansiedade. O GABA é o neurotransmissor inibitório principal para contrabalançar um neurotransmissor excitatório (glutamato). Deficiências no GABA (baixa concentração ou baixa densidade de receptores) podem produzir hiperexcitabilidade neuronal, levando a transtornos de ansiedade (Lydiard, 2003). De modo similar, variações na liberação de dopamina e serotonina e na densidade de receptores contribuem para uma excitabilidade cortical que está ligada à ansiedade excessiva (Auerbach et al., 1999).

A pesquisa em neurociências também sugere que a quantidade de serotonina no cérebro está associada aos meios de funcionamento da amígdala. A serotonina suprime a excitabilidade neuronal, e crianças com níveis cerebrais menores de serotonina tendem a sofrer maiores desconfortos. A atividade serotoninérgica na sinapse é influenciada parcialmente pela presença da molécula transportadora de serotonina, que absorve a serotonina da sinapse. O gene que codifica essa molécula existe na forma de dois alelos, um curto e um longo, localizados na região promotora do gene (um alelo é uma variante de um gene). O alelo curto é chamado de "curto" porque o gene dessa região cromossomial é menor do que da outra, o alelo longo. O alelo curto parece ser o alelo de risco porque se encontra associado a uma transcrição menos efetiva do gene. Portadores desse alelo produzem menos moléculas transportadoras, e a serotonina permanece ativa por um período mais longo. Como resultado, a produção de serotonina é suprimida, levando a uma maior excitabilidade da amígdala (Pezawas et al., 2005). Portanto, portadores do alelo curto apresentam maior ativação da amígdala a estímulos que provocam medo do que portadores do alelo longo do gene transportador de serotonina (Hariri et al., 2002). Mais pesquisas recentes sugerem que combinações de alelos, e não alelos únicos, estão associadas a tipos temperamentais específicos. Por exemplo, bebês de 1 ano com níveis extremos de comportamento de evitação em relação a um estranho demonstraram ter tanto o alelo curto do gene transportador de serotonina quanto o alelo curto do polimorfismo *7-repeat* receptor de dopamina D4, ao passo que as crianças com menos comportamento de evitação têm as duas formas longas do gene transportador de serotonina com o polimorfismo *7-repeat* (Lakatos et al., 2003).

Foi demonstrado que experiências aversivas iniciais, como estresse agudo, podem levar a mudanças neuroanatômicas que podem afetar permanentemente comportamentos futuros. Por exemplo, experiências iniciais podem afetar o funcionamento do sistema límbico-hipotalâmico-hipofisário-suprarrenal, bem como os sistemas receptores de GABA e benzodiazepínicos (p. ex., Anisman, Zaharia, Meany, 2000; Cicchetti & Rogosch, 2001). O período em que o estressor aparece determina as consequências comportamentais e cognitivas (Kolb, Gibb, & Gorny, 2001). De modo geral, quanto mais cedo for o ataque, maior será o potencial de neuroplasticidade para compensar quaisquer danos. No entanto, o ambiente da pessoa, incluindo cultura, família e relacionamento com o primeiro cuidador, entre muitos outros fatores, também são contribuidores importantes (p. ex., Olson & Sameroff, 2009).

CONCLUSÃO

A literatura das neurociências cognitiva e afetiva sugere que mudanças nas emoções estão diretamente associadas a mudanças eletroquímicas no cérebro. Importantes correlatos neurobiológicos das emoções incluem a amígdala, as porções ventrais e dorsais do PFC, as porções dorsais do ACC, as porções dorsais do PFC medial e a ínsula.

No caso do medo e da ansiedade, as emoções estão associadas a uma hiperatividade inicial e a um recrutamento subsequente de recursos pré-frontais associados a processos de enfrentamento. Compreender esses processos em nível biológico pode abrir novas janelas de oportunidade para a pesquisa no futuro, incluindo novos focos de tratamento.

Este capítulo exemplifica tanto a promessa quanto a complexidade de se unir a pesquisa em emoção com a ciência clínica. Movendo-se para além do nível da enfermidade do modelo médico latente de doença, podemos começar de fato a adotar uma abordagem transdiagnóstica e interdisciplinar ao estudarmos as emoções em *settings* clínicos a partir de uma perspectiva biológica, neuropsico-

Emoção em terapia **149**

lógica, social e motivacional. Essas diferentes perspectivas têm o potencial de aperfeiçoar significativamente nossos métodos terapêuticos para aliviar o sofrimento de nossos clientes e aperfeiçoar sua qualidade de vida e felicidade.

RESUMO DE PONTOS CLINICAMENTE RELEVANTES

- Tradicionalmente, experimentos laboratoriais em ratos para estudar o medo contribuíram com teorias sobre os correlatos neurobiológicos das emoções. Mais recentemente, existem experimentos conduzidos com seres humanos para analisar a atividade cerebral dos participantes enquanto estes veem estímulos emocionais e recebem diferentes instruções para lidar com suas emoções.

- Correlatos neurobiológicos das emoções incluem a amígdala, as porções ventrais e dorsais do PFC, as porções dorsais do ACC, as porções dorsais do PFC medial e a ínsula.

- As cognições podem ser compreendidas como pontos de decisão em determinadas circuitarias cerebrais durante o processamento de informação. No caso do medo, os pontos de decisão iniciais são a percepção e a detecção de ameaças na amígdala, seguidas pela seleção de estratégias de enfrentamento adequadas que envolvem o hipocampo e o córtex da ínsula. Por fim, aplicam-se essas estratégias de enfrentamento com a finalidade de proteger a si mesmo de ameaças e de regular o afeto negativo (que envolve os córtices cingulado anterior e pré-frontal).

- Existem poucas pesquisas sobre as diferenças individuais nos correlatos neurobiológicos das emoções. O fenômeno mais pesquisado é a relação entre problemas emocionais e o alelo curto do gene transportador de serotonina. Há, também, evidências de que o estresse inicial pode afetar o funcionamento do sistema límbico-hipotalâmico-hiposifário-suprarrenal, bem como dos sistemas receptores de GABA e de benzodiazepínicos.

Apêndice I
Medidas comuns de autorrelato

ESCALAS DE HUMOR

- *Inventário de Depressão de Beck* (BDI, do inglês Beck Depression Inventory; Beck, Ward, Mendelson, Mock, & Erbaugh, 1961) e sua versão revisada (BDI-II; Beck, Steer, & Brown, 1996). O BDI e o BDI-II contêm, cada um, 21 perguntas. As perguntas são pontuadas em uma escala de 0 a 3.
- *Escala de Afetos Positivos e Negativos* (PANAS, do inglês Positive and Negative Affect Scale; Watson et al., 1988). PANAS é um questionário com 20 itens que é dividido em duas subescalas, de 10 itens cada, que medem os afetos positivos (PANAS-PA) e os afetos negativos (PANAS-NA). O questionário pode ser utilizado em diversos períodos, incluindo o momento presente, o dia atual, os últimos dias, as últimas semanas, os últimos anos e no geral.

ALEXITIMIA

- *Escala de Alexitimia de Toronto* (TAS-20, do inglês Toronto Alexithymia Scale; Bagby, Parker, & Taylor, 1994a, 1994b). TAS-20 é uma escala de 20 itens que consiste em três subescalas: a subescala de Sentimentos de Difícil Descrição (5 itens), a subescala de Sentimentos de Difícil Identificação (7 itens) e a subescala de Pensamento Externamente Orientado (8 itens). Esta última mensura a tendência que a pessoa tem de focar sua atenção externamente.

INTELIGÊNCIA EMOCIONAL

- *Escala de Inteligência Emocional* (Schutte et al., 1998). A Escala de Inteligência Emocional é uma escala de autorrelato composta de 33 itens para medir a inteligência emocional baseada na conceitualização de Salovey e Mayer (1990).

- *Escala de Traço do Meta-Humor* (Salovey et al., 1995). A Escala de Traço do Meta-Humor mede aspectos da inteligência emocional, incluindo atenção a sentimentos, claridade de sentimentos e reparação de humor.

ESTILO AFETIVO

- *Questionário de Estilo Afetivo* (ASQ, do inglês Affective Style Questionnaire; Hofmann & Kashdan, 2010). ASQ é uma escala de 20 itens que consiste em três subescalas: *Escondendo* (8 itens), *Ajustando* (7 itens) e *Tolerando* (5 itens) *Afetos*, que mapeia os três estilos afetivos distintos descritos anteriormente. Não há um escore total para a escala.

- *Questionário de Regulação Emocional* (ERQ, do inglês Emotion Regulation Questionnaire; Gross & John, 2003). ERQ é uma escala de 10 itens que mede as diferenças individuais na supressão expressiva e na reavaliação cognitiva.

- *Questionário de Aceitação e Ação-II* (AAQ-II, do inglês Acceptance and Action Questionnaire–II; Bond et al., 2011). AAQ-II é uma escala de 10 itens que mede as diferenças individuais na disposição a aceitar e trabalhar pensamentos e sentimentos privados na busca de objetivos valorizados (um agregado de múltiplas facetas).

- *Escala de Dificuldades em Regulação Emocional* (DERS, do inglês Difficulties in Emotion Regulation Scale; Gratz & Roemer, 2004). DERS inclui 36 itens e mede vários motivos pelos quais as pessoas normalmente se encontram incapazes de regular com sucesso experiências emocionais difíceis e aversivas.

RUMINAÇÃO E PREOCUPAÇÃO

- *Escala de Respostas Ruminativas* (RRS, do inglês Ruminative Responses Scale; Treynor et al., 2003). RRS é um questionário de autorrelato composto de 10 itens que avalia o grau em que os participantes se engajam em introspecção focada de caráter neutro (i.e., reflexão) e em uma "ponderação melancólica" (i.e., cisma).

- *Questionário Penn State de Preocupação* (PSWQ, do inglês Penn State Worry Questionnaire; Meyer, Miller, Metzger, & Borkovec, 1990). PSWQ é um instrumento de autorrelato com 16 itens que mede a tendência geral de a pessoa se preocupar de forma excessiva, independentemente de qualquer conteúdo específico.

Apêndice II

Relaxamento muscular progressivo

Corpo e mente estão intimamente conectados. O desconforto emocional causa, com frequência, tensão muscular e ativação fisiológica (i.e., frequências cardíaca e respiratória aumentadas), de modo que acalmar o corpo de alguém pode também acalmar sua mente. Sendo assim, a tensão muscular é um bom foco inicial para intervenções voltadas para reduzir a intensidade do desconforto emocional, pois reduzir a tensão muscular também pode diminuir a ativação emocional.

Uma abordagem bem desenvolvida e testada para se relaxar a tensão muscular é o relaxamento muscular progressivo (PMR, do inglês *progressive muscle relaxation*). O PMR inicialmente tem duração de cerca de 30 minutos. Com mais experiência, é possível utilizar uma técnica "de um passo", que pode ser feita a qualquer hora e em qualquer lugar. A versão mais longa do PMR, de 30 minutos, pode ser bastante útil no fim do dia para reduzir a tensão muscular.

O PMR abrange um grupo de instruções simples pensadas com o objetivo de relaxar os músculos. Como parte das instruções, pede-se ao cliente que tensione e relaxe grupos musculares específicos. Isso ensina o cliente a distinção entre as sensações de tensão muscular e de relaxamento. Por meio do PMR, as pessoas aprendem como reduzir a intensidade da ativação fisiológica, o que, por sua vez, deverá também reduzir a intensidade de suas emoções no geral. Vale lembrar que o relaxamento é uma habilidade que demanda prática repetida, assim como aprender como andar de bicicleta.

O PMR começa com 12 grupos musculares. Uma vez que os clientes tenham dominado o PMR de 12 grupos musculares, eles são instruídos a mudar para o PMR de 8 grupos musculares. Inicialmente, os clientes são orientados a praticar o PMR em situações sem distrações. Mais tarde, eles podem praticá-lo em situa-

156 Apêndice II

ções mais corridas ao longo do tempo, de modo que se capacitem para conseguir relaxar em qualquer lugar, a qualquer momento. As instruções básicas são estas:

1. *Feche seus olhos e puxe o ar lenta e normalmente algumas vezes com seu diafragma (barriga).*

2. *Contraia os músculos dos seus dois antebraços, fechando as mãos em punhos e apertando-as. Segure a tensão por aproximadamente 10 segundos. Agora, relaxe esses músculos e perceba a diferença entre a tensão e o relaxamento (20 segundos).*

3. *Contraia os músculos dos braços, puxando-os para trás e trazendo-os para os lados de seu corpo. Mantenha a tensão por cerca de 10 segundos. Agora, relaxe esses músculos e perceba a diferença entre a tensão e o relaxamento (20 segundos).*

4. *Contraia os músculos abaixo dos joelhos, flexionando seus pés para cima e apontando seus dedos em direção à parte superior do corpo. Mantenha a tensão por cerca de 10 segundos. Agora, relaxe esses músculos e perceba a diferença entre a tensão e o relaxamento (20 segundos).*

5. *Contraia os músculos das partes de cima das pernas, encostando os joelhos um no outro e levantando suas pernas da cadeira. Mantenha a tensão por cerca de 10 segundos. Agora, relaxe esses músculos e perceba a diferença entre a tensão e o relaxamento (20 segundos).*

6. *Contraia seu abdome, movendo-o em direção à sua coluna. Mantenha a tensão por cerca de 10 segundos. Agora, relaxe esses músculos e perceba a diferença entre a tensão e o relaxamento (20 segundos).*

7. *Contraia seu tórax, respirando fundo e segurando o ar. Mantenha a tensão por cerca de 10 segundos. Agora, relaxe esses músculos e perceba a diferença entre a tensão e o relaxamento (20 segundos).*

8. *Contraia seus ombros, erguendo-os em direção às orelhas. Mantenha a tensão por cerca de 10 segundos. Agora, relaxe esses músculos e perceba a diferença entre a tensão e o relaxamento (20 segundos).*

9. *Contraia sua nuca, jogando a sua cabeça para trás. Mantenha a tensão por cerca de 10 segundos. Agora, relaxe esses músculos e perceba a diferença entre a tensão e o relaxamento (20 segundos).*

10. *Pressione seus lábios sem cravar-lhes os dentes. Mantenha a tensão por cerca de 10 segundos. Agora, relaxe esses músculos e perceba a diferença entre a tensão e o relaxamento (20 segundos).*

11. *Mantenha seus olhos semicerrados. Mantenha a tensão por cerca de 10 segundos. Agora, relaxe esses músculos e perceba a diferença entre a tensão e o relaxamento (20 segundos).*

Apêndice II **157**

12. *Contraia os músculos da face de modo a unir suas sobrancelhas. Mantenha a tensão por cerca de 10 segundos. Agora, relaxe esses músculos e perceba a diferença entre a tensão e o relaxamento (20 segundos). Contraia sua testa, levantando suas sobrancelhas em direção ao topo de sua cabeça. Mantenha a tensão por cerca de 10 segundos. Agora, relaxe esses músculos e perceba a diferença entre a tensão e o relaxamento (20 segundos).*

13. *Conte lentamente em sua mente de 1 a 5, tentando relaxar cada vez mais enquanto conta cada um dos números. Um: toda tensão está abandonando seu corpo. Dois: você está se abandonando cada vez mais um pouquinho no relaxamento. Três: você está se sentindo mais e mais relaxado. Quatro: você está completamente relaxado. Cinco: abrace a sensação de total relaxamento. Sinta a brisa leve enquanto você inspira e o ar morno enquanto você expira. Sua respiração é lenta e você está respirando normalmente com a barriga. Cada vez que você inspirar, pense na palavra "relaxe" (2 minutos).*

14. *Agora, conte lentamente de 5 a 1 e fique mais e mais alerta. Cinco-quatro-três--dois-um; por favor, abra os olhos.*

O relaxamento exige prática. As pessoas diferirão quanto ao modo como elas conseguem relaxar. A maioria das pessoas terá de praticar o PMR de 12 grupos musculares diariamente por algumas semanas. Uma vez que o cliente seja capaz de relaxar bem fazendo uso do PMR de 12 grupos musculares, o terapeuta poderá introduzir o PMR com apenas oito grupos musculares. O objetivo é ser capaz de alcançar um estado de relaxamento com apenas um passo. O PMR de 8 grupos musculares foca nas seguintes áreas:

1. *Ambos os braços e antebraços juntos.*
2. *Ambas as pernas, com as partes debaixo do joelho e acima do joelho juntas.*
3. *Seu abdome.*
4. *Seu tórax.*
5. *Ambos os ombros.*
6. *Seu pescoço.*
7. *Seus olhos.*
8. *As partes superior e inferior de sua testa juntas.*

A sequência e o ritmo são muito similares aos do PMR de 12 grupos musculares. Certifique-se de que você se concentre na diferença entre a tensão e o relaxamento. A maioria das pessoas precisará praticar o PMR de 8 grupos musculares diariamente por algumas semanas até que o efeito seja perceptível.

Apêndice III
Escrita expressiva

O caso a seguir é sobre Peter, um homem que tratei por muitos meses. Para proteger sua privacidade, alterei dados essenciais de suas informações pessoais.

> **NA PRÁTICA: ESCREVENDO SOBRE EMOÇÕES**
>
> Peter era um programador de computador de 35 anos que vinha lutando contra uma depressão severa. Além dos diagnósticos de transtorno depressivo maior e distimia, ele também fechava os critérios para transtorno de Asperger adulto. Peter demonstrou poucas habilidades sociais. Por exemplo, ele falou apressadamente, e seu discurso era de difícil compreensão. Ele não dava muita atenção à sua aparência. Com frequência, Peter aparecia nas sessões despenteado, suas roupas às vezes estavam sujas, e seus dentes eram amarelos e manchados devido à má higiene. Sua inteligência claramente estava acima da média, mas ele não era socialmente competente. Por exemplo, ele sorria de leve mesmo quando falava sobre eventos tristes, desagradáveis e até mesmo traumáticos. Peter tinha um círculo estrito de amigos. Ele contou que recebeu uma criação normal de seus pais. Contudo, decidiu cortar laços com eles quando começou a faculdade. Peter relatou que cortou a relação com seus pais porque eles não o protegeram quando ele sofreu *bullying* no ensino médio.
>
> Ele relatou que sofrera *bullying* severa e diariamente de várias crianças em sua escola. Por exemplo, um aluno em particular, Bruce, vinha até ele todas as manhãs por volta da mesma hora para esmurrar sua barriga. Em outras ocasiões, Peter precisou dar pontos em cortes causados por uma faca e remover um pedaço de lápis que outro estudante, Jack, cravou-lhe no ombro. Em outra ocasião, uma garota chamada Lisa o arrastou até o banheiro feminino para agredi-lo.

Embora Peter tenha sido um bom aluno, seus professores repetidamente recomendaram a seus pais que o trocassem de escola porque eles não podiam garantir sua segurança ou prevenir o *bullying*. Entretanto, seu pai insistira para que Peter ficasse na escola a fim de "endurecer o couro". Para Peter, o ensino médio foi um "verdadeiro inferno". Ele não tinha amigos para protegê-lo dos valentões. Sua resposta aos ataques na escola foi se retrair emocionalmente e permitir que o abuso diário ocorresse sem lutar contra ele.

Quando Peter entrou na faculdade, fez amizade com três estudantes, também homens, e eles formaram um círculo próximo. A despeito de sua aparência estranha e de seu comportamento, esses amigos o aceitaram e admiraram sua inteligência e sagacidade. Mesmo após a faculdade, os laços entre Peter e especialmente dois desses amigos permaneceram firmes. Peter os adotou como uma família. Embora seus amigos se sentissem desconfortáveis com os papéis e as responsabilidades que tinham na vida de Peter, eles continuaram sendo amigos próximos, mesmo depois que se casaram e tiveram filhos. Peter não expressou nenhum interesse sexual por mulheres ou homens e não queria ter filhos. Depois de muitos anos vivendo sozinho durante a semana e passando a maior parte de seus fins de semana com os amigos, Peter foi morar com um de seus amigos e passou a participar das atividades cotidianas da família desse amigo. Ele pagou parte do financiamento e cozinhou para a família quase todas as noites (ele fez aulas de culinária como preparação para esse acordo de viverem juntos). Seu objetivo e desejo era estar com seus amigos.

Peter expressou crenças que beiravam o pensamento delirante. Especificamente, ele queria se tornar um homem rico e poderoso. Isso daria a ele condições de criar uma sociedade da qual poderia banir qualquer violência, de modo que ninguém teria de experimentar o abuso que ele fora obrigado a suportar. Ele tinha planos específicos sobre como construiria essa sociedade: ele enriqueceria com uma *startup* (tornando-se mais rico e influente que Bill Gates). Então, estabeleceria uma meritocracia na qual as pessoas seriam julgadas e compensadas com base unicamente em suas contribuições para a sociedade. Contudo, ele encontrou muitos obstáculos na implementação do plano, o que fez com que se frustrasse enormemente, levando à depressão. Embora fosse um programador talentoso e requisitado, ele sempre ocupou um *status* medíocre dentro das empresas em que trabalhou. Ele acreditava que sua depressão era uma consequência direta desses obstáculos.

Durante o tratamento, ficou claro que estratégias tradicionais para atacar sua depressão, como identificar e confrontar crenças mal-adaptativas e maximizar a ativação comportamental, geravam pouco, se algum, benefício. Ademais, atacar suas crenças de grandiosidade sobre criar uma meritocracia para melhorar o mundo não se mostrou uma estratégia eficaz via reestruturação cognitiva tradicional. A fim de encorajar o processamento de algumas emoções, solicitou-se a Peter que descrevesse uma cena em particular em que ele se encontrava com seu antigo colega de classe, Jack. Ele escreveu:

Apêndice III **161**

Eu estava passando o tempo em frente à escola durante o recreio, no terceiro período, quando Jack meteu um lápis no meu ombro. Sem muita dor, mas com muito sangue; e eu estava completamente em choque. Ele gargalhava e sorria. O chão estava quente e preto, e muitas das outras crianças da escola olhavam, grande parte delas gargalhando e sorrindo. Falei para mim mesmo que era melhor do que aqueles imbecis, e me acalmei. Durante o fim do recreio (talvez 15 minutos), voltei para a aula, esquecendo-me do machucado por um tempo (talvez por mais 15 minutos), quando vi mais sangue. Falei com a professora que estava machucado e ela permitiu que eu fosse à enfermaria. Claramente, ela não me perguntou como havia acontecido, e, embora eu não quisesse encorajar uma vingança, mesmo assim fiquei surpreso com o descaso.

Em outra ocasião, ele escreveu:

Estava provavelmente na quinta série e, durante o recreio, estava sentado na grama do lado direito da escola quando fui ameaçado por Jack, que segurava uma pequena faca. Muitos anos depois, repensando o fato, acho que ele só estava tentando me assustar. Agarrei a faca pela lâmina, ferindo bastante meus dedos. À época, pensava que aquele garoto queria me matar e que ou eu o impedia, ou morreria. Corri em direção à entrada da escola, onde os professores estavam. Fui, então, para a enfermaria, e a enfermeira ligou para minha mãe para que me buscasse e levasse para o hospital (achando que as feridas tinham sido superficiais). O vice-diretor entrou na sala e me perguntou se eu havia provocado a luta (como Jack havia dito). Eu disse que não, indignado. No hospital, orientaram-me a colocar a mão em uma bacia de água por um tempo, pois julgaram que as feridas tinham sido mais profundas, levando-me a crer que a enfermeira da escola não tinha se importado. Eu levei nove pontos. No dia seguinte, descobri que Jack havia sido suspenso, mas ele logo voltou, e foi quando Bruce, um garoto da turma do Jack, começou a me dar socos na barriga diariamente. Bons homens têm vidas difíceis, eu pensava, pensando também em como o mundo era um lugar horrível.

Peter foi encorajado a escrever uma carta a Jack (não para que fosse enviada). Peter, então, escreveu o seguinte:

Olá, Jack,

Aqui é o Peter da [NOME DA ESCOLA]. Estou escrevendo para tirar algumas coisas do peito. Permita-me começar dizendo que eu entendo que você era uma criança atormentada pelos seus próprios demônios, como a maioria dos valentões, e eu espero que você tenha superado isso.

Eu era estranho, não era popular na escola e tinha um físico fraco. Então, eu compreendo, até certo ponto, por que fui seu alvo...

162 Apêndice III

> Em outra ocasião, Peter escreveu o seguinte:
>
> *Caro Jack,*
>
> *Ainda tenho um gosto amargo na boca por causa do que ocorreu entre nós lá atrás. Dito isso, eu não tenho interesse algum em odiá-lo, pois isso só me machuca. Espero que você tenha mudado, e desejo que saiba que eu o perdoo incondicionalmente pelo que fez comigo, e o faço com compaixão. Estou ferido somente por não acreditar que você possa mudar. Espero que me prove o contrário.*
>
> *Atenciosamente, Peter.*

Esses exemplos de escrita não esclareceram apenas os embates emocionais causados pelos episódios de *bullying*, mas também levaram a um processamento emocional, resultando em melhorias significativas durante o tratamento. A raiva deu lugar ao perdão e até mesmo à compaixão pelos algozes. Isso fez Peter resolver alguns dos traumas causados por essas experiências iniciais que o levaram a formar crenças e comportamentos mal-adaptativos décadas depois.

Não foi um processo fácil nem rápido. Peter fez terapia por mais de 2 anos. As intervenções da terapia cognitivo-comportamental (TCC) tradicional só alcançaram sucesso moderado na melhoria de seu humor. Os maiores ganhos durante o tratamento vieram após as práticas da meditação de bondade-amorosa, que incluíram imagens de Jack e outros valentões nos exercícios de meditação. (Discuto essas práticas no Capítulo 7.) Peter eventualmente encerrou o tratamento porque sentiu que havia alcançado um nível de felicidade suficiente para continuar seu processo de cura sem aconselhamento posterior.

Referências

Abramson, L. Y., & Seligman, M. E. (1978). Learned helplessness in humans: Critique and reformulation. *Journal of Abnormal Psychology, 87,* 49–74.

Ainsworth, M. D. S., Blehar, M. C., Waters, E., & Wall, S. (1978). *Patterns of attachment: A psychological study of the Strange Situation.* Hillsdale, NJ: Erlbaum.

Aldao, A., & Dixon-Gordon, K. L. (2014). Broadening the scope of research on emotion regulation strategies and psychopathology. *Cognitive Behaviour Therapy, 43,* 22–33.

Aldao, A., & Nolen-Hoeksema, S. (2012). When are adaptive strategies most predictive of psychopathology? *Journal of Abnormal Psychology, 121,* 276–281.

Aldao, A., Nolen-Hoeksema, S., & Schweizer, S. (2010). Emotion-regulation strategies across psychopathology: A meta-analytic review. *Clinical Psychology Review, 30,* 217–237.

Alloy, L. B., Abramson, L. Y., Tashman, N. A., Steinberg, D. L., Hogan, M. E., Whitehouse, W. G., et al. (2001). Developmental origins of cognitive vulnerability to depression: Parenting, cognitive, and inferential feedback styles of the parents of individuals at high and low cognitive risk for depression. *Cognitive Therapy and Research, 25,* 397–423.

Alloy, L. B., & Clements, C. M. (1992). Illusion of control: Invulnerability to negative affect and depressive symptoms after laboratory and natural stressors. *Journal of Abnormal Psychology, 101,* 234–245.

Allport, G .W. (1955). *Becoming.* New Haven, CT: Yale University Press.

American Psychiatric Association. (2013). *Diagnostic and statistical manual of mental disorders* (5th ed.). Arlington, VA: Author.

Amstadter, A. (2008). Emotion regulation and anxiety disorders. *Journal of Anxiety Disorders, 22,* 211–221.

Anālayo. (2003). *Satipatthana: The direct path to realization.* Birmingham, UK: Windhorse.

Anisman, H., Zaharia, M. D., Meany, M. J., & Merali, Z. (1998). Do early-life events permanently alter behavioral and hormonal responses to stressors? *International Journal of Developmental Neuroscience, 16,* 149–164.

164 Referências

Arch, J. J., & Craske, M. G. (2010). Laboratory stressors in clinically anxious and non-anxious individuals: The moderating role of mindfulness. *Behaviour Research and Therapy, 48,* 495–505.

Asnaani, A., Sawyer, A. T., Aderka, I. M., & Hofmann, S. G. (2013). Effect of suppression, reappraisal, and acceptance of emotional pictures on acoustic eye-blink startle magnitude. *Journal of Experimental Psychopathology, 4,* 182–193.

Auerbach, J., Geller, V., Lezer, S., Shinwell, E., Belmaker, R. H., & Levin, J. (1999) Dopamine D4 receptor (D4DR) and serotonin transporter promoter (5-HTTLPR) polymorphisms in the determination of temperament in 2-month-old infants. *Molecular Psychiatry, 4,* 369–373.

Bagby, R. M., Parker, J. D. A., & Taylor, G. J. (1994a). The Twenty-Item Toronto Alexithymia Scale—I: Item selection and crossvalidation of the factor structure. *Journal of Psychosomatic Research, 38,* 23–32.

Bagby, R. M., Parker, J. D. A., & Taylor, G. J. (1994b). The Twenty-Item Toronto Alexithymia Scale—II: Convergent, discriminant, and concurrent validity. *Journal of Psychosomatic Research, 38,* 33–40.

Bard, P. (1934). The neuro-humoral basis of emotional reactions. In C. Murchinson (Ed.), *Handbook of general experimental psychology* (pp. 264–311). Worcester, MA: Clark University Press.

Bargh, J. A., & Ferguson, M. J. (2000). Beyond behaviorism: On the automaticity of higher mental processes. *Psychological Review, 126,* 925–945.

Barlow, D. H. (2000). Unraveling the mysteries of anxiety and its disorders from the perspective of emotion therapy. *American Psychologist, 55,* 1247–1263.

Barlow, D. H. (2002). *Anxiety and its disorders: The nature and treatment of anxiety and panic* (2nd ed.). New York: Guilford Press.

Barlow, D. H., Allen. L. B., & Choate, M. L. (2004). Toward a unified treatment for emotional disorders. *Behavior Therapy, 35,* 205–230.

Barlow, D. H., Ellard, K. K., Sauer-Zvala, S., Bullis, J. R., & Carl, J. R. (2014). The origins of neuroticism. *Perspectives on Psychological Science, 9,* 481–496.

Barlow, D. H., Farchione, T. J., Fairholm, C. P., Elard, K. K., Boisseau, C. I., Allen, L. A., et al. (2010). *Unified protocol for transdiagnostic treatment of emotional disorders (therapist guide).* New York: Oxford University Press.

Barrett, L. F. (2004). Feelings or words?: Understanding the content in self-report ratings of experienced emotion. *Journal of Personality and Social Psychology, 87,* 266–281.

Barrett, L. F. (2014). Conceptual act theory: A precis. *Emotion Review, 6,* 292–297.

Barrett, L. F., Mesquita, B., Ochsner, K. N., & Gross, J. J. (2007). The experience of emotion. *Annual Review of Psychology, 58,* 373–403.

Baumeister, R. (2015). Conquer yourself, conquer the world. *Scientific American, 312,* 60–65.

Beck, A. T. (1979). *Cognitive therapy and the emotional disorders.* New York: New American Library/Meridian.

Beck, A. T. (2008). The evolution of the cognitive model of depression and its neurobiological correlates. *American Journal of Psychiatry, 165,* 969–977.

Beck, A. T., Steer, R. A., & Brown, G. K. (1996). *Manual for the Beck Depression Inventory–II*. San Antonio, TX: Psychological Corporation.

Beck. A. T., Ward, C. H., Mendelson, M., Mock, J., & Erbaugh, J. (1961). An inventory for measuring depression. *Archives of General Psychiatry, 4,* 561–571.

Bem, D. J. (1967). Self-perception: An alternative interpretation of cognitive dissonance phenomena. *Psychological Review, 74,* 183–200.

Bentham, J. (1988). *The principles of morals and legislation.* Amherst, NY: Prometheus Books. (Original work published 1789)

Berking, M. (2010). *Training emotionaler Kompetenzen* (2nd ed.). Berlin: Springer.

Berking, M., Ebert, D., Cuijpers, P., & Hofmann, S. G. (2013). Emotion regulation skills training enhances the efficacy of impatient cognitive behavioral therapy for major depressive disorder: A randomized controlled trial. *Psychotherapy and Psychosomatics, 82,* 234–245.

Berking, M., Margraf, M., Ebert, D., Wupperman, P., Hofmann, S. G., & Junghanns, K. (2011). Deficits in emotion-regulation skills predict alcohol use during and after cognitive behavioral therapy for alcohol dependence. *Journal of Consulting and Clinical Psychology, 79,* 307–318.

Berking, M., Wirtz, C. M., Svaldi, J., & Hofmann, S. G. (2014). Emotion regulation predicts symptoms of depression over five years. *Behaviour Research and Therapy, 57,* 13–20.

Berridge, K. C., Robinson, T. E., & Aldridge, J. W. (2009). Dissecting components of reward: 'Liking,' 'wanting,' and learning. *Current Opinion in Pharmacology, 9,* 65–73.

Bindra, D. (1974). A motivational view of learning, performance, and behavior modification. *Psychological Review, 81,* 199–213.

Bishop, M., Lau, S., Shapiro, L., Carlson, N. D., Anderson, J., Carmody Segal, Z. V., et al. (2004). Mindfulness: A proposed operational definition. *Clinical Psychology: Science and Practice, 11,* 230–241.

Bogg, T., & Roberts, B. W. (2004). Conscientiousness and health behaviors: A meta-analysis. *Psychological Bulletin, 130,* 887–919.

Bolles, R. C. (1972). Reinforcement, expectancy, and learning. *Psychological Review, 79,* 394–409.

Bonanno, G. A., & Burton, C. L. (2013). Regulatory flexibility: An individual differences perspective on coping and emotion regulation. *Perspectives on Psychological Science, 8,* 591–612,

Bonanno, G. A., Papa, A., O'Neil, K., Westphal, M., & Coifman, K. (2004). The importance of being flexible: The ability to enhance and suppress emotional expression predicts long-term adjustment. *Psychological Science, 15,* 482–487.

Bond, F. W., Hayes, S. C., Baer, R. A., Carpenter, K. M., Orcutt, H. K., Waltz, T., et al. (2011). Preliminary psychometric properties of the Acceptance and Action Questionnaire–II: A revised measure of psychological flexibility and experiential acceptance. *Behavior Therapy, 42,* 676–688.

Borkovec, T. D., & Hu, S. (1990). The effect of worry on cardiovascular response to phobic imagery. *Behaviour Research and Therapy, 28,* 69–73.

Borkovec, T. D., Ray, W. J., & Stöber, J. (1998). Worry: A cognitive phenomenon intimately linked to affective, physiological, and interpersonal behavioral processes. *Cognitive Therapy and Research, 22,* 561–576.

166   Referências

Bouchard, T. J. (2004). Genetic influence on human psychological traits. *Current Directions in Psychological Science, 13*, 148–151.

Bouton, M. E., Mineka, S., & Barlow, D. H. (2001). A modern learning theory perspective on the etiology of panic disorder. *Psychological Review, 108*, 4–32.

Bowlby, J. (1973). *Attachment and loss: Vol. 2. Separation: Anxiety and anger.* New York: Basic Books.

Bowlby, J. (1982). *Attachment and loss: Vol. 1. Attachment* (2nd ed.). New York: Basic Books.

Bradburn, N. M. (1969). *The structure of psychological well-being.* Chicago: Alpine.

Brickman, P., & Campbell, D. T. (1971). Hedonic relativism and planning the good society. In M. H. Appley (Ed.), *Adaptation-level theory* (pp. 287–305). New York: Academic Press.

Brooks-Gunn, J., & Lewis, M. (1984). Development of early visual self-recognition. *Developmental Review, 4*, 215–239.

Brown, G. W., & Harris, T. (1978). *Social origins of depression: A study of psychological disorder in women.* New York: Free Press.

Brown, K. W., Weinstein, N., & Creswell, J. D. (2012). Trait mindfulness modulates neuroendocrine and affective responses to social evaluative threat. *Psychoneuroendocrinology, 37*, 2037–2041.

Brown, T. A. (2007). Temporal course and structural relationships among dimensions of temperament and DSM-IV anxiety and mood disorder constructs. *Journal of Abnormal Psychology, 116*, 313–328.

Brown, T. A., & Barlow, D. H. (2009). A proposal for a dimensional classification system based on the shared features of the DSM-IV anxiety and mood disorders: Implications for assessment and treatment. *Psychological Assessment, 21*, 256–271.

Buddhaghosa. (1975). *Path of purification.* Kandy, Sri Lanka: Buddhist Publication Society.

Buddharakkhita, A. (1995). *Metta: The philosophy and practice of universal love.* Kandy, Sri Lanka: Buddhist Publication Society.

Bullis, J. R., Boe, H.-J., Asnaani, A., & Hofmann, S. G. (2014). The benefits of being mindful: Trait mindfulness predicts less stress reactivity to suppression. *Journal of Behavior Therapy and Experimental Psychiatry, 45*, 57–66.

Burns, D. D. (1980). *Feeling good: The new mood therapy.* New York: HarperCollins.

Buss, D. M. (Ed.). (1999). *Evolutionary psychology: The new science of the mind.* Needham Heights, MA: Allyn & Bacon.

Byrne, R., & Whiten, A. (1985). Tactical deception of familiar individuals in baboons (*Papio ursimus*). *Animal Behavior, 333*, 669–673.

Cacioppo, J. T., & Berntson, G. C. (1999). The affect system: Architecture and operating characteristics. *Current Directions in Psychological Science, 8*, 133–137.

Cacioppo, J. T., & Gardner, W. L. (1999). Emotion. *Annual Review of Psychology, 50*, 191–214.

Cacioppo, J. T., & Hawkley, L. C. (2003). Social isolation and health, with an emphasis on underlying mechanisms. *Perspectives in Biology and Medicine, 46*, S39–S52.

Referências **167**

Caldji, C., Francis, D., Sharma, S., Plotzky, P. M., & Meany, M. J. (2000). The effects of early reading environment on the development of GABA$_A$ and central benzodiazepine receptor levels and novelty-induced fear-fulness in the rat. *Neuropsychopharmacology, 22,* 219–229.

Campbell-Sills, L., Barlow, D. H., Brown, T. A., & Hofmann, S. G. (2006a). Acceptability of negative emotion in anxiety and mood disorders. *Emotion, 6,* 587–595.

Campbell-Sills, L., Barlow, D. H., Brown, T. A., & Hofmann, S. G. (2006b). Effects of suppression and acceptance on emotional responses of individuals with anxiety and mood disorders. *Behaviour Research and Therapy, 44,* 1251–1263.

Cannon, W. B. (1927). The James–Lange theory of emotions: A critical examination and an alternative theory. *American Journal of Psychology, 39,* 106–124.

Carl, J. R., Soskin, D. P., Kerns, C., & Barlow, D. H. (2013). Positive emotion regulation in emotional disorders: A theoretical review. *Clinical Psychology Review, 33,* 343–360.

Carmody, J., & Baer, R. A. (2009). How long does a mindfulness-based stress reduction program need to be?: A review of class contact hours and effect sizes for psychological distress. *Journal of Clinical Psychology, 65,* 627–638.

Carnevale, P. J. D., & Isen, A M. (1986). The influence of positive affect and visual access on the discovery of integrative solutions in bilateral negotiation. *Organizational Behavior and Human Decision Processes, 37,* 1–13.

Carson, J. W., Keefe, F. J., Lynch, T. R., Carson, K. M., Goli, V., Fras, A. M., et al. (2005). Loving-kindness meditation for chronic low back pain: Results from a pilot trial. *Journal of Holistic Nursing, 23,* 287–304.

Carver, C. S., & Scheier, M. F. (1998). *On the self-regulation of behavior.* New York: Cambridge University Press.

Caspi, A., Moffitt, T. W., Newman, D. L., & Silva, P. A. (1996). Behavioral observations at age 3 years predict adult psychiatric disorders: Longitudinal evidence from a birth cohort. *Archives of General Psychiatry, 53,* 1033–1039.

Cassidy, J. (1994). Emotion regulation: Influences of attachment relationships. *Monographs of the Society for Research in Child Development, 59,* 228–283.

Chalmers, L. (2007). *Buddha's teachings: Being the sutta nipata, or discourse collection.* London: Oxford University Press.

Cheng, C. (2001). Assessing coping flexibility in real-life and laboratory settings: A multimethod approach. *Journal of Personality and Social Psychology, 80,* 814–833.

Cheng, C. (2003). Cognitive and motivational processes underlying coping flexibility: A dual-process model. *Journal of Personality and Social Psychology, 84,* 425–438.

Chida, Y., & Steptoe, A. (2008). Positive psychological well-being and mortality: A quantitative systematic review of prospective observational studies. *Psychosomatic Medicine, 70,* 741–756.

Cicchetti, D., & Rogosch, F. A. (2001). The impact of child maltreatment and psychopathology on neuroendocrine functioning. *Development and Psychopathology, 13,* 783–804.

Cioffi, D., & Holloway, J. (1993). Delayed costs of suppressed pain. *Journal of Personality and Social Psychology, 64,* 274–282.

168 Referências

Cisler, J. M., Olatunji, B. O., Feldner, M. T., & Forsyth, J. P. (2010). Emotion regulation and the anxiety disorders: An integrative review. *Journal of Psychopathology and Behavioral Assessment, 32*, 68–82.

Clark, D. A., & Beck, A. T. (2010). Cognitive theory and therapy of anxiety and depression: Convergence with neurobiological findings. *Trends in Cognitive Science, 14*, 418–424.

Clark, L. A., & Watson, D. (1991). Tripartite model of anxiety and depression: Psychometric evidence and taxonomic implications. *Journal of Abnormal Psychology, 100*, 316–336.

Clark, L. A., Watson, D., & Mineka, S. (1994). Temperament, personality, and the mood and anxiety disorders. *Journal of Abnormal Psychology, 103*, 103–116.

Coan, J. A. (2010). Adult attachment and the brain. *Journal of Social and Personal Relationships, 27*, 210–217.

Coan, J. A. (2011). The social regulation of emotion. In J. Decety & J. T. Cacioppo (Eds.), *Handbook of social neuroscience* (pp. 614–623). New York: Oxford University Press.

Cohen, S. (2004). Social relationships and health. *American Psychologist, 59*, 676–684.

Cole, P. M., Martin, S. E., & Dennis, T. A. (2004). Emotion regulation as a scientific construct: Methodological challenges and directions for child development research. *Child Development, 75*, 317–333.

Colibazzi, T., Posner, J., Wang, Z., Gorman, D., Gerber, A., Yu, S., et al. (2010). Neural systems subserving valence and arousal during the experience of induced emotions. *Emotion, 10*, 377–389.

Compas, B. E., Malcarne, V., & Fondacaro, K. M. (1988). Coping with stressful events in older children and young adolescents. *Journal of Consulting and Clinical Psychology, 56*, 405–411.

Condon, P., Desbordes, G., Miller, W. B., & DeSteno, D. (2013). Meditation increases compassionate responses to suffering. *Psychological Science, 24*, 2125–2127.

Consedine, N., Magai, C., & Bonanno, G. A. (2002). Moderators of the emotion inhibition-health relationship: A review and research agenda. *Review of General Psychology, 6*, 204–238.

Cooley, C. H. (1902). *Human nature and the social order.* New York: Scribner's.

Cooper, R. K., & Sawaf, A. (1997). *Executive EQ: Emotional intelligence in leadership and organizations.* New York: Grosset/Putnam.

Cox, W. M., & Klinger, E. (1988). A motivational model of alcohol use. *Journal of Abnormal Psychology, 97*, 168–180.

Craig, W. (1918). Appetites and aversions as constituents of instincts. *Biological Bulletin of Woods Hole, 34*, 91–107.

Craske, M. G. (1999). *Anxiety disorders. Psychological approaches to theory and treatment.* Boulder, CO: Westview Press.

Dalai Lama. (2001). *An open heart: Practicing compassion in everyday life.* Boston: Little, Brown.

Dalai Lama, & Cutler, H. C. (1998). *The art of happiness: A handbook for living.* New York: Riverhead Books.

Darwin, C. (1955). *Expression of the emotions in man and animals.* New York: Philosophical Library. (Original work published 1872)

Davey, G. C. L. (1994). Worrying, social problem-solving abilities, and social problem-solving confidence. *Behaviour Research and Therapy, 32*, 327–330.

Davey, G. C. L., Jubb, M., & Cameron, C. (1996). Catastrophic worrying as a function of changes in problem-solving confidence. *Cognitive Therapy and Research, 20*, 333–344.

Davidson, R. J. (2003). Darwin and the neural bases of emotion and affective style. *Proceedings of the New York Academy of Sciences, 1000*, 316–336.

Davidson, R. J., & Begley, S. (2012). *The emotional life of your brain: How its unique patterns affect the way you think, feel, and live—and how you can change them.* New York: Hudson Street Press.

Davidson, R. J., Jackson, D. C., & Kalin, N. H. (2000). Emotion, plasticity, context, and regulation: Perspectives from affective neuroscience. *Psychological Bulletin, 126*, 890–909.

Davis, M., & Whalen, P. J. (2001). The amygdala: Vigilance and emotion. *Molecular Psychiatry, 6*, 13–34.

DeNeve, K. M., & Cooper, H. (1998). The happy personality: A meta-analysis of 137 personality traits and subjective well-being. *Psychological Bulletin, 124*, 197–229.

Derryberry, D., & Rothbart, M. K. (1997). Reactive and effortful processes in the organization of temperament. *Development and Psychopathology, 9*, 633–652.

DeRubeis, R. J., Siegle, G. J., & Hollon, S. D. (2008). Cognitive therapy versus medication for depression: Treatment outcomes and neural mechanisms. *Nature Review Neuroscience, 9*, 788–796.

de Waal, F. (1982). *Chimpanzee politics: Power and sex among apes.* New York: Harper & Row.

Diener, E. (2000). Subjective well-being: The science of happiness and a proposal for a national index. *American Psychologist, 55*, 34–43.

Diener, E., & Diener, M. (1995). Cross-cultural correlates of life satisfaction and self-esteem. *Journal of Personality and Social Psychology, 68*, 653–663.

Diener, E., & Seligman, M. E. P. (2002). Very happy people. *Psychological Science, 13*, 81–84.

Duval, S., & Wicklund, R. (1972). *A theory of objective self-awareness.* New York: Academic Press.

Ehrenreich, J. T., Fairholm, C. P., Buzzella, B. A., Ellard, K. K., & Barlow, D. H. (2007). The role of emotion in psychological therapy. *Clinical Psychology: Science and Practice, 14*, 422–428.

Eisenberg, N., Spinrad, T. L., & Eggum, N. D. (2010). Emotion-related self-regulation and its relation to children's maladjustment. *Annual Review of Clinical Psychology, 6*, 495–525.

Ekman, P. (1992a). An argument for basic emotions. *Cognition and Emotion, 6*, 169–200.

Ekman, P. (1992b). Are there basic emotions? *Psychological Review, 99*, 550–553.

Ekman, P. (2003). *Emotions revealed.* New York: Times Books.

Ekman, P., Friesen, W. V., & Ellsworth, P. (1972). *Emotion in the human face: Guidelines for research and an integration of findings.* New York: Plenum Press.

Ellis, A. (1962). *Reason and emotion in psychotherapy.* New York: Lyle Stuart.

Emmons, R. A. (1986). Personal strivings: An approach to personality and subjective well-being. *Journal of Personality and Social Psychology, 51*, 1058–1068.

Epictetus. (2013). *The Enchiridion of Epictetus.* New York: Start Publishing. (Original work published 135 C.E.)

170 Referências

Epstein, R. P. (2006). The molecular genetic architecture of human personality: Beyond self-report questionnaires. *Molecular Psychiatry, 11,* 427–445.

Epstude, K., & Roese, N. J. (2008). The functional theory of counterfactual thinking. *Personality and Social Psychology Review, 12,* 168–192.

Estrada, C. A., Isen, A. M., & Young, M. J. (1997). Positive affect facilitates integration of information and decreases anchoring in reasoning among physicians. *Organizational Behavior and Human Decision Processes, 72,* 117–135.

Feldman, C. (2005). *Compassion.* Berkeley, CA: Rodnell Press.

Feldman, G., Dunn, E., Stemke, C., Bell, K., & Greeson, J. (2014). Mindfulness and rumination as predictors of persistence with a distress tolerance task. *Personality and Individual Differences, 56,* 154–158.

Feldman, L. A. (1995a). Valence focus and arousal focus: Individual differences in the structure of affective experience. *Journal of Personality and Social Psychology, 69,* 153–166.

Feldman, L. A. (1995b). Variations in the circumplex structure of mood. *Personality and Social Psychology Bulletin, 21,* 806–817.

Fenigstein, A., Scheier, M. F., & Buss, A. H. (1975). Public and private self-consciousness: Assessment and theory. *Journal of Consulting and Clinical Psychology, 43,* 522–527.

Festinger, L. (1954). A theory of social comparison processes. *Human Relations, 7,* 117–140.

Festinger, L., & Carlsmith, J. M. (1959). Cognitive consequences of forced compliance. *Journal of Abnormal and Social Psychology, 58,* 203–210.

Fincham, F. D., Beach, S. R., Harold, G. T., & Osborne, L. N. (1997). Marital satisfaction and depression: Different causal relationships for men and women? *Psychological Science, 8,* 351–357.

Flynn, M., & Rudolph, K.D. (2010). The contribution of deficits in emotional clarity to stress responses and depression. *Journal of Applied Developmental Psychology, 31,* 291–297.

Foa, E. B., & Kozak, M. J. (1986). Emotional processing of fear: Exposure to corrective information. *Psychological Bulletin, 99,* 20–35.

Folkman, S., & Moskowitz, J. T. (2004). Coping: Pitfalls and promise. *Annual Review of Psychology, 55,* 745–774.

Fowles, D. C. (1993). Biological variables in psychopathology: A psychobiological perspective. In P. B. Sutker & H. E. Adams (Eds.), *Comprehensive handbook of psychopathology* (2nd ed., pp. 57–82). New York: Plenum Press.

Fraley, R. C., & Shaver, P. R. (2000). Adult romantic attachment: Theoretical developments, emerging controversies, and unanswered questions. *Review of General Psychology, 4,* 132–154.

Fredrickson, B. L. (2000). What good are positive emotions? *Review of General Psychology, 2,* 300–319.

Fredrickson, B. L., & Branigan, C. (2005). Positive emotions broaden the scope of attention and thought–action repertoires. *Cognition and Emotion, 19,* 313–332.

Fredrickson, B. L., Cohn, M. A., Coffey, K. A., Pek, J., & Finkel, S. M. (2008). Open hearts build lives: Positive emotions, induced through loving-kindness meditation, build consequential personal resources. *Journal of Personality and Social Psychology, 95,* 1045–1061.

Fresco, D. M., Frankel, A. N., Mennin, D. S., Turk, C. L., & Heimberg, R. G. (2002). Distinct and overlapping features of rumination and worry: The relationship of cognitive production to negative affective states. *Cognitive Therapy and Research, 26,* 179–188.

Frijda, N. H. (1986). *The emotions.* Cambridge, UK: Cambridge University Press.

Frijda, N. H. (1988). The laws of emotion. *American Psychologist, 43,* 349–358.

Frydenberg, E. (1997). *Adolescent coping: Research and theoretical perspectives.* London: Routledge.

Gable, P. A., & Harmon-Jones, E. (2011). Attentional consequences of pregoal and postgoal positive affects. *Emotion, 11,* 1358–1367.

Gallup, G. G. (1970). Chimpanzees: Self-recognition. *Science, 167,* 86–87.

Gallup, G. G. (1979). Self-awareness in primates. *American Scientist, 67,* 417–421.

George, L. K., Blazer, D. G., Hughes, D. C., & Fowler, N. (1989). Social support and the outcome of major depression. *British Journal of Psychiatry, 154,* 478–485.

Gergen, K. J. (1971). *The concept of self.* New York: Holt, Rinehart & Winston.

Gilbert, D. (2006). *Stumbling on happiness.* New York: Alfred Knopf.

Gilbert, D., & Wilson, T. D. (2007). Prospection: Experiencing the future. *Science, 317,* 1351–1354.

Gilbert, P., & Procter, S. (2006). Compassionate mind training for people with high shame and self-criticism: Overview and pilot study of a group therapy approach. *Clinical Psychology and Psychotherapy, 13,* 353–379.

Gohm, C. L., & Clore, G. L. (2000). Individual differences in emotional experience: Mapping available scales to processes. *Personality and Social Psychology Bulletin, 26,* 679–697.

Goleman, D. (1995). *Emotional intelligence.* New York: Bantam Books.

Goodall, J. (1971). *In the shadow of man.* Boston: Houghton Mifflin.

Gratz, K. L., & Roemer, L. (2004). Multidimensional assessment of emotion regulation and dysregulation: Development, factor structure, and initial validation of the Difficulties in Emotion Regulation Scale. *Journal of Psychopathology and Behavioral Assessment, 26,* 41–54.

Gray, J. A. (1987). *The psychology of fear and stress.* Cambridge, UK: Cambridge University Press.

Gray, J. A. (1990). Brain systems that mediate emotion and cognition. *Cognition and Emotion, 4,* 269–288.

Gray, J. A., & McNaughton, N. (1996). The neuropsychology of anxiety: Reprise. In D. A. Hope (Ed.), *Nebraska Symposium on Motivation: Vol. 43. Perspectives on anxiety, panic, and fear* (pp. 61–134). Lincoln: University of Nebraska Press.

Gray, J. A., & McNaughton, N. (2000). *The neuropsychology of anxiety* (2nd ed.). Oxford, UK: Oxford University Press.

Greenberg, L. S. (2011). *Emotion-focused therapy.* Washington, DC: American Psychological Association.

Greenberg, L. S., & Paivio, S. C. (1997). *Working with emotions in psychotherapy.* New York: Guilford Press.

Greenberg, L. S., & Safran, J. D. (1987). *Emotion in psychotherapy.* New York: Guilford Press.

172 Referências

Gross, J. J. (1998a). Antecedentand response-focused emotion regulation: Divergent consequences for experience, expression, and physiology. *Journal of Personality and Social Psychology, 74*, 224–237.

Gross, J. J. (1998b). The emerging field of emotion regulation: An integrative review. *Review of General Psychology, 2*, 271–299.

Gross, J. J. (2013). *Handbook of emotion regulation* (2nd ed.). New York: Guilford Press.

Gross, J. J., & John, O. P. (2003). Individual differences in two emotion regulation processes: Implications for affect, relationships, and well-being. *Journal of Personality and Social Psychology, 85*, 348–362.

Gross, J. J., & Levenson, R. W. (1997). Hiding feelings: The acute effects of inhibiting negative and positive emotion. *Journal of Abnormal Psychology, 106*, 95–103.

Grossman, P., Niemann, L., Schmidt, S., & Walach, H. (2004). Mindfulness-based stress reduction and health benefits: A meta-analysis. *Journal of Psychosomatic Research, 57*, 35–43.

Gruzelier, J. H. (1989). Lateralization and central mechanisms in clinical psychophysiology. In G. Turpin (Ed.), *Handbook of clinical psychophysiology* (pp. 135–174). New York: Wiley.

Haber, M. G., Cohen, J. L., Lucas, T., & Baltes, B. B. (2007). The relationship between self-reported received and perceived social support: A meta-analytic review. *American Journal of Community Psychology, 39*, 133–144.

Hamilton, W. D. (1964). The genetic evolution of social behavior. *Journal of Theoretical Biology, 7*, 1–52.

Hariri, A. R., Mattoy, B. S., Tessitore, A., Fera, F., Smith, W. T., & Weinberger, D. R. (2002). Extroamphetamine modulates the response of the human amygdala. *Neurosystems Pharmacology, 27*, 1036–1040.

Harmon-Jones, E., Harmon-Jones, C., & Price, T. F. (2013). What is approach motivation? *Emotion Review, 5*, 291–295.

Harris, C. R. (2001). Cardiovascular responses of embarrassment and effects of emotional suppression in a social setting. *Journal of Personality and Social Psychology, 81*, 886–897.

Harter, S. (1999). *The construction of the self: A developmental perspective.* New York: Guilford Press.

Hayes, S. C. (2004). Acceptance and commitment therapy, relational frame theory, and the third wave of behavior therapy. *Behavior Therapy, 35*, 639–665.

Hayes, S. C., Luoma, J., Bond, F., Masuda, A., & Lillis, J. (2006). Acceptance and commitment therapy: Model, processes, and outcomes. *Behaviour Research and Therapy, 44*, 1–25.

Hayes, S. C., Strosahl, K. D. , & Wilson, K. G. (1999). *Acceptance and commitment therapy: An experiential approach to behavior change.* New York: Guilford Press.

Heller, W., Nitschke, J. B., Etienne, M. A., & Miller, G. A. (1997). Patterns of regional brain activity differentiate types of anxiety. *Journal of Abnormal Psychology, 106*, 376–385.

Higgins, E. T. (1987). Self-discrepancy: A theory relating self and affect. *Psychological Review, 94*, 309–340.

Higgins, E. T., & Pittman, T. S. (2008). Motives of the human animal: Comprehending, managing, and sharing inner states. *Annual Review of Psychology, 59*, 361–385.

Referências   **173**

Hoehn-Saric, R., & McLeod, D. R. (2000). Anxiety and arousal: Physiological changes and their perception. *Journal of Affective Disorders, 61*, 217–224.

Hofer, M.A. (2006). Psychobiological roots of early attachment. *Current Directions in Psychological Science, 15*, 84–88.

Hofmann, S. G. (2000). Self-focused attention before and after treatment of social phobia. *Behaviour Research and Therapy, 38*, 717–725.

Hofmann, S. G. (2004). Cognitive mediation of treatment change in social phobia. *Journal of Consulting and Clinical Psychology, 72*, 392–399.

Hofmann, S. G. (2007). Cognitive factors that maintain social anxiety disorder: A comprehensive model and its treatment implications. *Cognitive Behaviour Therapy, 36*, 195–209.

Hofmann, S. G. (2008). Cognitive processes during fear acquisition and extinction in animals and humans: Implications for exposure therapy of anxiety disorders. *Clinical Psychology Review, 28*, 199–210.

Hofmann, S. G. (2011). *An introduction to modern CBT: Psychological solutions to mental health problems.* Oxford, UK: Wiley-Blackwell.

Hofmann, S. G. (2014). Interpersonal emotion regulation model of mood and anxiety disorders. *Cognitive Therapy and Research, 38*, 483–492.

Hofmann, S. G., Asmundson, G. J., & Beck, A. T. (2013). The science of cognitive therapy. *Behavior Therapy, 44*, 199–212.

Hofmann, S. G., Asnaani, A., Vonk, J. J., Sawyer, A. T., & Fang, A. (2012). The efficacy of cognitive behavioral therapy: A review of meta-analyses. *Cognitive Therapy and Research, 36*, 427–440.

Hofmann, S. G., Ellard, K., & Siegle, G. (2012). Neurobiological correlates of cognitions in fear and anxiety: A cognitive–neurobiological information-processing model. *Cognition and Emotion, 26*, 282–299.

Hofmann, S. G., Grossman, P., & Hinton, D. E. (2011). Loving-kindness and compassion meditation: Potential for psychological interventions. *Clinical Psychology Review, 31*, 1126–1132.

Hofmann, S. G., Heering, S., Sawyer, A. T., & Asnaani, A. (2009). How to handle anxiety: The effects of reappraisal, acceptance, and suppression strategies on anxious arousal. *Behaviour Research and Therapy, 47*, 380–394.

Hofmann, S. G., & Heinrichs, N. (2002). Disentangling self-descriptions and self-evaluations under conditions of high self-focused attention: Effects of mirror exposure. *Personality and Individual Differences, 32*, 611–620.

Hofmann, S. G., & Kashdan, T. B. (2010). The Affective Style Questionnaire: Development and psychometric properties. *Journal of Psychopathology and Behavioral Assessment, 32*, 255–263.

Hofmann, S. G., Moscovitch, D. A., Kim, H.-J., & Taylor, A. N. (2004). Changes in self-perception during treatment of social phobia. *Journal of Consulting and Clinical Psychology, 72*, 588–596.

Hofmann, S. G., Moscovitch, D. A., Litz, B. T., Kim, H.-J., Davis, L., & Pizzagalli, D. A. (2005). The worried mind: Autonomic and prefrontal activation during worrying. *Emotion, 5*, 464–475.

174   Referências

Hofmann, S. G., Sawyer, A. T., Fang, A., & Asnaani, A. (2012). Emotion dysregulation model of mood and anxiety disorders. *Depression and Anxiety, 29,* 409–416.

Hofmann, S. G., Sawyer, A. T., Witt, A., & Oh, D. (2010). The effect of mindfulness-based therapy on anxiety and depression: A meta-analytic review. *Journal of Consulting and Clinical Psychology, 78,* 169–183.

Hofstede, G. (1984). The cultural relativity of the quality of life concept. *Academy of Management Review, 9,* 389–398.

Hohmann, G. W. (1966). Some effects of spinal cord lesions on experienced emotional feelings. *Psychophysiology, 3,* 143–156.

Hollon, S. D., & Ponniah, K. (2010). A review of empirically supported psychological therapies for mood disorders in adults. *Depression and Anxiety, 27,* 891–932.

Hölzel, B., Lazar, S. W., Gard, T., Schuman-Olivier, Z., Vago, D. R., & Ott, U. (2011). How does mindfulness meditation work?: Proposing mechanisms of action from a conceptual and neural perspective. *Perspectives on Psychological Science, 6,* 537–559.

Hopkins, J. (2001). *Cultivating compassion.* New York: Broadway Books.

Hull, C. L. (1943). *Principles of behavior: An introduction to behavior therapy.* New York: Appleton-Century.

Humphrey, N. K. (1976). The social function of intellect. In P. P. G. Bateson & R. A. Hinde (Eds.), *Growing points in ethology* (pp. 303–317). Cambridge, UK: Cambridge University Press.

Hutcherson, C. A., Seppala, E. M., & Gross, J. J. (2008). Loving-kindness meditation increases social connectedness. *Emotion, 8,* 720–724.

Ingram, R. E. (1990). Self-focused attention in clinical disorders: Review and a conceptual modal. *Psychological Bulletin, 107,* 156–176.

Insel, T. R., & Collins, F. S. (2003). Psychiatry in the genomics era. *American Journal of Psychiatry, 160,* 616–620.

Izard, C. E. (1992). Basic emotions, relations among emotions, and emotion–cognition relations. *Psychological Review, 99,* 561–565.

James, W. W. (1884). What is emotion? *Mind, 4,* 188–204.

James, W. W. (1983). *Principles of psychology.* Cambridge, MA: Harvard University Press. (Original work published 1890)

Johnson, K. J., & Fredrickson, B. L. (2005). "We all look the same to me": Positive emotions eliminate the own-race bias in face recognitions. *Psychological Science, 16,* 875–881.

Johnson, S. L., & Jacob, T. (1997). Marital interactions of depressed men and women. *Journal of Consulting and Clinical Psychology, 65,* 15–23.

Joiner, T. (1997). Shyness and low social support as interactive diathesis, with loneliness as mediator: Testing an interpersonal-personality view of vulnerability to depressive symptoms. *Journal of Abnormal Psychology, 106,* 386–394.

Jolly, A. (1966). Lemur social intelligence and primate intelligence. *Science, 153,* 501–506.

Kabat-Zinn, J. (2003). Mindfulness-based interventions in context: Past, present, and future. *Clinical Psychology: Science and Practice, 10,* 144–156.

Kagan, J., & Snidman, N. (2004). *The long shadow of temperament.* Cambridge, MA: Harvard University Press.

Kahneman, D. (2011). *Thinking fast and slow.* New York: Farrar, Straus & Giroux.

Kahneman, D., Diener, E., & Schwarz, N. (2003). *Well-being: The foundations of hedonic psychology.* New York: Russell Sage Foundation.

Kashdan, T. B., & Rottenberg, J. (2010). Psychological flexibility as a fundamental aspect of health. *Clinical Psychology Review, 30,* 865–878.

Kendall, P. C., & Hollon, S. D. (1981). Assessing self-referent speech: Methods in the measurement of self-statements. In P. C. Kendall & S. D. Hollon (Eds.), *Assessment strategies for cognitive-behavioral interventions* (pp. 85–118). New York: Academic Press.

Kern, M. L., & & Friedman, H. S. (2008). Do conscientious individuals live longer?: A quantitative review. *Health Psychology, 27,* 505–512.

Khoury, B., Lecomte, T., Fortin, G., Masse, M., Therien, P., Bouchard, V., et al. (2013). Mindfulness-based therapy: A comprehensive meta-analysis. *Clinical Psychology Review, 33,* 763–771.

Killingsworth, M. A., & Gilbert, D. T. (2010). A wandering mind is an unhappy mind. *Science, 330,* 932.

Kircanski, K., Lieberman, M. D., & Craske, M. G. (2012). Feelings into words: Contributions of language to exposure therapy. *Psychological Science, 23,* 1086–1091.

Koenders, P. G., & van Strien, T. (2001) Emotional eating, rather than lifestyle behavior, drives weight gain in a prospective study in 1562 employees. *Journal of Occupational Environmental Medicine, 53,* 1287–1293.

Koivumaa-Honkanen, H., Honkanen, R., Viinamaeki, H., Heikkilae, K., Kaprio, J., & Koskenvuo, M. (2001). Life satisfaction and suicide: A 20-year follow-up study. *American Journal of Psychiatry, 158,* 433–439.

Kolb, B., Gibb, R., & Gorny, G. (2001). Cortical plasticity and the development of behavior after early frontal cortical injury. *Developmental Neuropsychology, 18,* 423–444.

Kring, A. M., Barrett, L. F., & Gard, D. E. (2003). On the broad applicability of the affective circumplex: Representations of affective knowledge among schizophrenia patients. *Psychological Science, 14,* 207–214.

Kringelbach, M. L., & Berridge, K. C. (2010). *Pleasures of the brain.* Oxford, UK: Oxford University Press.

Kristeller, J. L. (2007). Mindfulness meditation. In P. Lehrer, R. L. Woolfolk, & W. E. Sime (Eds.), *Principles and practice of stress management* (3rd ed., pp. 393–427). New York: Guilford Press.

Kubzansky, L. D., & Thurston, R. C. (2007). Emotional vitality and incident of coronary heart disease: Benefits of healthy psychological functioning. *Archives of General Psychiatry, 64,* 1393–1401.

Ladouceur, R., Gosslin, P., & Dugas, M. J. (2000). Experimental manipulation of intolerance of uncertainty: A study of a theoretical model of worry. *Behaviour Research and Therapy, 38,* 933–941.

176 Referências

Lakatos, K., Nemoda, Z., Birkas, E., Ronai, Z., Kovacs, E., Ney, K., et al. (2003). Association of D4 dopamine receptor gene and serotonin transporter promoter polymorphism with infants' response to novelty. *Molecular Psychiatry, 8*, 90–98.

Lakey, B., Orehek, E., Hain, K. L., & Van Vleet, M. (2010). Enacted support's links to negative affect and perceived support are more consistent with theory when social influences are isolated from trait influences. *Personality and Social Psychology Bulletin, 36*, 132–142.

Lang, P. J., Bradley, M. M., & Cuthbert, B. N. (1990). Emotion, attention, and the startle reflex. *Psychological Review, 97*, 377–395.

Lange, C. (1887). Über *Gemütsbewegungen [About emotions]*. Leipzig, Germany.

Langer, E. J. (1989). *Mindfulness*. Reading, MA; Addison-Wesley.

Langer, E. J., & Moldoveanu, M. (2000). The construct of mindfulness. *Journal of Social Issues, 56*, 1–9.

Lazarus, R. S. (1966). *Psychological stress and the coping process*. New York: McGraw-Hill.

Lazarus, R. S. (1981). The stress and coping paradigm. In C. Eisdorfer, D. Cohen, A. Kleinman, & P. Maxim (Eds.), *Models for clinical psychopathology* (pp. 177–214). New York: Spectrum.

Lazarus, R. S. (1991). *Emotion and adaptation*. New York: Oxford University Press.

Lazarus, R. S. (2000). Toward better research on stress and coping. *American Psychologist, 55*, 665–673.

Lazarus, R. S., DeLongis, A., Folkman, S., & Gruen, R. (1985). Stress and adaptational outcomes: The problem of confounded measures. *American Psychologist, 40*, 770–779.

Lazarus, R. S., & Folkman, S. (1984). *Stress, appraisal, and coping*. New York: Springer.

Leahy, R. L., Tirch, D., & Napolitano, L. A. (2011). *Emotion regulation in psychotherapy: A practitioner's guide*. New York: Guilford Press.

Leary, M. R., Tate, E. B., Adams, C. E., Allen, A. B., & Hancock, J. (2007). Self-compassion and reactions to unpleasant self-relevant events: The implications of treating oneself kindly. *Journal of Personality and Social Psychology, 92*, 887–904.

LeDoux, J. E. (2000). Emotion circuits in the brain. *Annual Review of Neuroscience, 23*, 155–184.

LeDoux, J. E. (2015). *Anxious: Using the brain to understand and treat fear and anxiety*. New York: Viking.

Leyro, T., Zvolensky, M., & Bernstein, A. (2010). Distress tolerance and psychopathological symptoms and disorders: A review of the empirical literature among adults. *Psychological Bulletin, 136*, 576–600.

Lim, D., Condon, P., & DeSteno, D. (2015). Mindfulness and compassion: An examination of mechanism and scalability. *PLoS ONE, 10*, e0118221.

Lucas, R. E., Diener, E., & Grob, A. (2000). Cross-cultural evidence for the fundamental features of extraversion. *Journal of Personality and Social Psychology, 79*, 452–468.

Lucas, R. E., Diener, E., & Suh, E. M. (1996). Discriminant validity of well-being measures. *Journal of Personality and Social Psychology, 71*, 616–628.

Lunkenheimer, E. S., Shields, A. M., & Cortina, K. S. (2007). Parental emotion coaching and dismissing in family interaction. *Social Development, 16*, 232–248.

Lutz, A., Brefczynski-Lewis, J., Johnstone, T., & Davidson, R. J. (2008). Regulation of the neural circuitry of emotion by compassion meditation: Effects of meditative expertise. *PLoS ONE, 3,* e1897.

Lutz, A., Greischar, L., Perlman, D. M., & Davidson, R. J. (2009). BOLD signal in insula is differentially related to cardiac function during compassion meditation in experts vs. novices. *NeuroImage, 47,* 1038–1046.

Lutz, A., Slagter, H. A., Dunne, J. D., & Davidson, R. (2008). Attention regulation and monitoring and meditation. *Trends in Cognitive Sciences, 12,* 163–169.

Lydiard, R. B. (2003). The role of GABA in anxiety disorder. *Journal of Clinical Psychiatry,* 64(Suppl. 3), 21–27.

Lyonfields, J. D., Borkovec, T. D., & Thayer, J. F. (1995). Vagal tone in generalized anxiety disorder and the effects of aversive imagery and worrisome thinking. *Behavior Therapy, 24,* 457–466.

Lyubomirsky, S., King, L., & Diener, E. (2005). The benefits of frequent positive affect: Does happiness lead to success? *Psychological Bulletin, 131,* 803–855.

Lyubomirsky, S., & Lepper, H. S. (1999). A measure of subjective happiness: Preliminary reliability and construct validation. *Social Indicators Research, 46,* 137–155.

MacLeod, A. K., & Cropley, M. L. (1996). Anxiety, depression, and the anticipation of future positive and negative experiences. *Journal of Abnormal Psychology, 105,* 286–289.

Mandel, D. R., Hilton, D. J., & Catellani, P. (2005). *The psychology of counterfactual thinking.* London: Routledge.

Markus, H. R., & Kitayama, S. (1991). Culture and the self: Implications for cognition, emotion, and motivation. *Psychological Review, 98,* 224–253.

Marroquín, B. (2011). Interpersonal emotion regulation as a mechanism of social support in depression. *Clinical Psychology Review, 31,* 1276– 1290.

Mayer, J. D., & Gaschke, Y. N. (1988). The experience and meta-experience of mood. *Journal of Personality and Social Psychology, 55,* 102–111.

Mayer, J. D., & Salovey, P. (1997). What is emotional intelligence? In P. Salovey & D. Sluyter (Eds.), *Emotional development and emotional intelligence: Educational implications* (pp. 3–31). New York: Basic Books.

Mayhew, S. L., & Gilbert, P. (2008). Compassionate mind training with people who hear malevolent voices: A case series report. *Clinical Psychology and Psychotherapy, 15,* 113–136.

Mayr, E. (1974). Behavior programs and evolutionary strategies. *American Scientist, 62,* 650–659.

McConnell, A. R., Niedermeier, K. E., Leibold, J. M., El-Alayli, A. G., Chin, P. P., & Kuipers, N. M. (2000). Someplace else? Role of prefactual thinking and anticipated regret in consumer behavior. *Psychology and Marketing, 17,* 281–298.

McNally, R. J. (2011). *What is mental illness?* Cambridge, MA: Belknap Press of Harvard University Press.

Mead, G. H. (1925). The genesis of the self and social control. *International Journal of Ethics, 35,* 251–273.

Mead, G. H. (1934). *Mind, self, and society.* Chicago: University of Chicago Press.

178 Referências

Melbourne Academic Mindfulness Interest Group. (2006). Mindfulness-based psychotherapies: A review of conceptual foundations, empirical evidence and practical considerations. *Australian and New Zealand Journal of Psychiatry, 40*, 285–294.

Mennin, D. S., Heimberg, R. G., Turk, C. L., & Fresco, D. M. (2005). Preliminary evidence for an emotion dysregulation model of generalized anxiety disorder. *Behaviour Research and Therapy, 43*, 1281–1310.

Menzulis, A. H., Abramson, L. Y., Hyde, J. S., & Hankin, B. L. (2004). Is there a universal positive bias in attributions?: A meta-analytic review of individual, developmental, and cultural difference in the self-serving attributional bias. *Psychological Bulletin, 130*, 711–747.

Meyer, T. J., Miller, M. L., Metzger, R. L., & Borkovec, T. D. (1990). Development and validation of the Penn State Worry Questionnaire. *Behaviour Research and Therapy, 28*, 487–495.

Mikulincer, M., & Shaver, P. R. (2007). *Attachment in adulthood: Structure, dynamics, and change.* New York: Guilford Press.

Mill, J. S. (2001). *Utilitarianism* (2nd ed.). Indianapolis, IN: Hackett. (Original work published 1861)

Mischel, W. (1979). On the interface of cognition and personality: Beyond the person–situation debate. *American Psychologist, 34*, 740–754.

Mischel, W., Shoda, Y., & Rodriguez, M. I. (1989) Delay of gratification in children. *Science, 244*, 933–938.

Moffitt, T. E., Arsenault, L., Belsky, D., Dickson, N., Hancox, R. J., Harrington, H., et al. (2011). A gradient of childhood self-control predicts health, wealth, and public safety. *Proceedings of the National Academy of Sciences, 108*, 2693–2698.

Moore, M. T., & Fresco, D. M. (2012). Depressive realism: A meta-analytic review. *Clinical Psychology Review, 32*, 496–509.

Mor, N., & Winquist, J. (2002). Self-focused attention and negative affect: A meta-analysis. *Psychological Bulletin, 128*, 638–662.

Morris, A. S., Silk, J. S., Steinberg, L., Myers, S. S., & Robinson, L. R. (2007). The role of the family context in the development of emotion regulation. *Social Development, 16*, 361–388.

Mowrer, O. H. (1960). *Learning theory and behavior.* New York: Wiley.

Murray, L., Creswell, C., & Cooper, P. J. (2009). The development of anxiety disorders in childhood: An integrative review. *Psychological Medicine, 39*, 1413–1423.

Myers, D. G. (2000). The funds, friends, and faith of happy people. *American Psychologist, 55*, 56–67.

Myers, D. G., & Diener, E. (1995). Who is happy? *Psychological Science, 6*, 10–19.

Neff, K. D. (2003). Self-compassion: An alternative conceptualization of a health attitude toward oneself. *Self and Identity, 2*, 85–101.

Neff, K. D., & Vonk, R. (2009). Self-compassion versus global self-esteem: Two different ways of relating to oneself. *Journal of Personality, 77*, 24–50.

Nemiah, J. C., Freyberger, H., & Sifneos, P. E. (1976). Alexithymia: A view of the psychosomatic process. In O. W. Hill (Ed.), *Modern trends in psychosomatic medicine* (Vol. 3, pp. 430–439). London: Butterworths.

Nitschke, J. B., & Heller, W. (2002). The neuropsychology of anxiety disorders: Affect, cognition, and neural circuitry. In H. D'haenen, J. A. den Boer, & P. Willner (Eds.), *Biological psychiatry* (pp. 975–988). New York: Wiley.

Nolen-Hoeksema, S. (2000). The role of rumination in depressive disorders and mixed anxiety/depressive symptoms. *Journal of Abnormal Psychology, 109,* 504–511.

Nolen-Hoeksema, S., & Davis, C. G. (1999). "Thanks for sharing that": Ruminators and their social support networks. *Journal of Personality and Social Psychology, 77,* 801–814.

Nolen-Hoeksema, S., Morrow, J., & Fredrickson, B. L. (1993). Response styles and the duration of episodes of depressed mood. *Journal of Abnormal Psychology, 102,* 20–28.

Nolen-Hoeksema, S., Wisco, B., & Lyubomirsky, S. (2008). Rethinking rumination. *Perspectives on Psychological Science, 3,* 400–424.

Ochsner, K. N., Bunge, S. A., Gross, J. J., & Gabrieli, J. D. (2002). Rethinking feelings: An fMRI study of the cognitive regulation of emotion. *Journal of Cognitive Neuroscience, 14,* 1215–1229.

Ochsner, K. N., & Gross, J. J. (2008). Cognitive emotion regulation: Insights from social cognitive and affective neuroscience. *Current Directions in Psychological Science, 17,* 153–158.

Olson, S. L., & Sameroff, A. J. (Ed.). (2009). *Biopsychosocial regulatory processes in the development of childhood behavioral problems.* New York: Cambridge University Press.

Ortony, A., & Turner, T. J. (1990). What's basic about basic emotions? *Psychological Review, 97,* 315–331.

Pace, T. W. W., Negi, L. T., Adame, D. D., Cole, S. P., Sivilli, T. I., Brown, T. D., et al. (2009). Effect of compassion meditation on neuroendocrine, innate immune and behavioral responses to psychosocial stress. *Psychoneuroendocrinology, 34,* 87–98.

Pace, T. W. W., Negi, L. T., Sivilli, T. I., Issa, M. J., Cole, S. P., Adame, D. D., et al. (2010). Innate immune, neuroendocrine and behavioral responses to psychosocial stress do not predict subsequent compassion meditation practice time. *Psychoneuroendocrinology, 35,* 310–315.

Pandita, S. U. (1992). *In this very life.* Boston: Wisdom.

Panksepp, J., & Biven, L. (2010). *The archaeology of mind: Neural origins of human emotions.* New York: Norton.

Pasch, L. A., Bradbury, T. N., & Davila, J. (1997). Gender, negative affectivity, and observed social support behavior in marital interaction. *Personal Relationships, 4,* 361–378.

Pennebaker, J. W. (1997). Writing about emotional experiences as a therapeutic process. *Psychological Science, 8,* 162–166.

Pezawas, L., Meyer-Lindenberg, A., Drabant, E. M., Verchinski, B. A., Munoz, K. E., Kolachana, B. S., et al. (2005). 5-HTTLPR polymorphism impacts human cingulate–amygdala interactions: A genetic susceptibility mechanism for depression. *Nature Neuroscience, 8,* 828–834.

Pfaffmann, C. (1960). The pleasures of sensation. *Psychological Review, 67,* 253–268.

Plutchik, R. (1980). *Emotion: A psychoevolutionary synthesis.* New York: Harper & Row.

Plutchik, R. (2000). *Emotions in the practice of psychotherapy: Clinical implications of affect theories.* Washington, DC: American Psychological Association Press.

180 Referências

Posner, J., Russell, J. A., & Peterson, B. S. (2005). The circumplex model of affect: An integrative approach to affective neuroscience, cognitive development, and psychopathology. *Development and Psychopathology, 17*, 715–734.

Posner, M. I., & Rothbart, M. K. (2000). Developing mechanisms of self-regulation. *Development and Psychopathology, 12*, 427–441.

Poulton, R., & Menzies, R.G. (2002). Non-associative fear acquisitions: A review of the evidence from retrospective and longitudinal research. *Behaviour Research and Therapy, 40*, 127–149.

Povinelli, D. J. (1995). The unduplicated self. In P. Rochat (Ed.), *The self in early infancy* (pp. 161–192). Amsterdam: North-Holland/Elsevier.

Preston, S. D., & de Waal, F. B. (2002). Empathy: Its ultimate and proximate bases. *Behavioural Brain Sciences, 25*, 1–20.

Pyszczynski, T., & Greenberg, J. (1987). Self-regulatory perseveration and the depressive self-focusing style: A self-awareness theory of reactive depression. *Psychological Bulletin, 102*, 122–138.

Quay, H. C. (1988). The behavioral reward and inhibition system in childhood behavior disorders. In L. M. Bloomingdale (Ed.), *Attention deficit disorder* (Vol. 3, pp. 176–186). Elmsford, NY: Pergamon Press.

Quay, H. C. (1993). The psychobiology of undersocialized aggressive conduct disorder: A theoretical perspective. *Development and Psychopathology, 5*, 165–180.

Raichle, M. E. (2006). The brain's dark energy. *Science, 314*, 1249–1250.

Raichle, M. E., MacLeod, A. M., Snyder, A. Z., Powers, W. J., Gusnard, D. A., & Shulman, G. L. (2001). A default mode of brain function. *Proceedings of the National Academy of Sciences of the USA, 98*, 676–682.

Rehman, U. S., Ginting, J., Karimiha, G., & Goodnight, J. A. (2010). Revisiting the relationship between depressive symptoms and marital communication using an experimental paradigm: The moderating effect of acute sad mood. *Behaviour Research and Therapy, 48*, 97–105.

Rehman, U. S., Gollan, J., & Mortimer, A. R. (2008). The marital context of depression: Research, limitations, and new directions. *Clinical Psychology Review, 28*, 179–198.

Remington, N., Fabrigar, L., & Visser, P. (2000). Reexamining the circumplex model of affect. *Journal of Personality and Social Psychology, 79*, 286–300.

Robinson, T. E., & Berridge, K. C. (2003). Addiction. *Annual Review of Psychology, 54*, 25–53.

Roese, N. J. (1997). Counterfactual thinking. *Psychological Bulletin, 121*, 133–134.

Rogers, C. R. (1951). *Client-centered therapy*. New York: Houghton Mifflin.

Rolls, E. T. (2005). *Emotion explained*. Oxford, UK: Oxford University Press.

Rolls, E. T. (2013). What are emotional states, and why do we have them? *Emotion Review, 5*, 241–247.

Rozanski, A., & Kubzansky, L. D. (2005). Psychologic functioning and physical health: A paradigm of flexibility. *Psychosomatic Medicine, 67*, S47–S53.

Ruby, P., & Decety, J. (2004). How would you feel versus how do you think she would feel?: A neuroimaging study of perspective-taking with social emotions. *Journal of Cognitive Neuroscience, 16*, 988–999.

Russell, J. A. (1980). A circumplex model of affect. *Journal of Personality and Social Psychology, 39,* 1161–1178.

Russell, J. A. (2003). Core affect and the psychological construction of emotion. *Psychological Review, 110,* 145–172.

Russell, J. A., & Barrett, L. F. (1999). Core affect, prototypical emotional episodes, and other things called emotion: Dissecting the elephant. *Journal of Personality and Social Psychology, 76,* 805–819.

Russell, J. A., & Carroll, J. M. (1999). On the bipolarity of positive and negative affect. *Psychological Bulletin, 125,* 3–30.

Ryan, R. M., & Deci, E. L. (2000). Self-determination theory and the facilitation of intrinsic motivation, social development, and well-being. *American Psychologist, 55,* 68–78.

Ryan, R. M., Kuhl, J., & Deci, E. L. (1997). Nature and autonomy: An organizational view of social and neurobiological aspects of self-regulation in behavior and development. *Development and Psychopathology, 9,* 701–728.

Salovey, P., & Mayer, J. D. (1990). Emotional intelligence. *Imagination, Cognition and Personality, 9,* 185–211.

Salovey, P., Mayer, J. D., Goldman, S. L., Turvey, C., & Palfai, T. P. (1995). Emotional attention, clarity, and repair: Exploring emotional intelligence using the Trait Meta-Mood Scale. In J. W. Pennebaker (Ed.), *Emotion, disclosure and health* (pp. 125–154). Washington, DC: American Psychological Association.

Salzberg, S. (1995). *Loving-kindness.* Boston: Shambhala.

Sarbin, T. R. (1952). A preface to a psychological analysis of the self. *Psychological Review, 59,* 11–22.

Schachter, S., & Singer, J. E. (1962). Cognitive, social, and physiological determinants of emotional state. *Psychological Review, 69,* 379–399.

Scherer, K. R., & Ellgring, H. (2007). Multimodal expression of emotion: Affect programs or componential appraisal patterns? *Emotion, 7,* 158–171.

Schultheiss, O. C., & Wirth, M. M. (2008). Biopsychological aspects of motivation. In J. Heckhausen & H. Heckhausen (Eds.), *Motivation and action* (2nd ed., pp. 247–271). New York: Cambridge University Press.

Schulz, S. M., Alpers, G. W., & Hofmann, S. G. (2008). Negative self-focused cognitions mediate the effect of trait social anxiety on state anxiety. *Behaviour Research and Therapy, 46,* 438–449.

Schutte, N. S., Malouff, J. M., Hall, L. E., Haggerty, D. J., Cooper, J. T., Golden, C. J., et al. (1998). Development and validation of a measure of emotional intelligence. *Personality and Individual Differences, 25,* 167–177.

Schwartz, C. E., Wright, C. L., Shin, L. M., Kagan, J., & Rauch, S. L. (2003). Inhibited and uninhibited infants "grown up": Adult amygdalar response to novelty. *Science, 300,* 1952–1953.

Schwartz, R. M. (1986). The internal dialogue: On the asymmetry between positive and negative coping thoughts. *Cognitive Therapy and Research, 10,* 591–605.

Schwartz, R. M. (1997). Consider the simple screw: Cognitive science, quality improvement, and psychotherapy. *Journal of Consulting and Clinical Psychology, 65,* 970–983.

182 Referências

Schwartz, R. M., & Garamoni, G. L. (1989). Cognitive balance and psychopathology: Evaluation of an information-processing model of positive and negative states of mind. *Clinical Psychological Review, 9,* 271–294.

Scitovsky, T. (1982). *The joyless economy.* New York: Oxford University Press.

Segal, Z. V., Williams, J. M. G., & Teasdale, J. D. (2002). *Mindfulness-based cognitive therapy for depression: A new approach to preventing relapse.* New York: Guilford Press.

Segerstrom, S. C., Stanton, A. L., Alden, L. E., & Shortridge, B. E. (2003). A multidimensional structure of repetitive thought: What's on your mind, and how, and how much? *Journal of Personality and Social Psychology, 85,* 909–921.

Seligman, M. E. P., & Csikszentmihalyi, M. (2000). Positive psychology: An introduction. *American Psychologist, 55,* 5–14.

Shafran, R., Thordarson, D., & Rachman, S. (1996). Thought–action fusion in obsessive compulsive disorder. *Journal of Anxiety Disorders, 10,* 379–391.

Sheng-Yen, M. (2001). *Hoofprints of the ox: Principles of the Chan Buddhist path as taught by a modern Chinese master.* New York: Oxford University Press.

Sheppes, G., Scheibe, S., Sutir, G., Radu, P., Blechert, J., & Gross, J. (2014). Emotion regulation choice: A conceptual framework and supporting evidence. *Journal of Experimental Psychology: General, 143,* 163–181.

Silk, J. S., Steinberg, L., & Morris, A. S. (2005). Adolescents' emotion regulation in daily life: Links to depressive symptoms and problem behavior. *Child Development, 74,* 1869–1880.

Sloan, D. M., & Marx, B. P. (2004). A closer examination of the structured written disclosure procedure. *Journal of Consulting and Clinical Psychology, 72,* 165–175.

Snygg, D., & Combs, A. W. (1949). *Individual behavior.* New York: Harper & Row.

Solomon, R. L., & Corbit, J. D. (1974). An opponent-process theory of motivation: Temporal dynamics of affect. *Psychological Review, 81,* 119–145.

Solomon, R. L., & Wynne, L. C. (1953). Traumatic avoidance learning: Acquisition in normal dogs. *Psychological Monographs: General and Applied, 67*(4), 1–19.

Spence, K. W. (1956). *Behavior theory and conditioning.* New Haven, CT: Yale University Press.

Stice, E. (2002). Risk and maintenance factors for eating pathology: A meta-analytic review. *Psychological Bulletin, 128,* 825–848.

Stice, E., & Agras, W. S. (1999). Subtyping bulimic women along dietary restraint and negative affect dimensions. *Journal of Consulting and Clinical Psychology, 67,* 460–469.

Stice, E., Ragan, J., & Randall, P. (2004). Prospective relations between social support and depression: Differential direction of effects for parent and peer support? *Journal of Abnormal Psychology, 113,* 155–159.

Stöber, J., & Borkovec, T. D. (2002). Reduced concreteness of worry in generalized anxiety disorder: Findings from a therapy study. *Cognitive Therapy and Research, 26,* 89–96.

Suh, E., Diener, E., Oishi, S., & Triandis, H. C. (1998). The shifting basis of life satisfaction judgments across cultures: Emotions versus norms. *Journal of Personality and Social Psychology, 74,* 482–493.

Suvak, M. K., Litz, B. T., Sloan, D. M., Zanarini, M. C., Barrett, L. F., & Hofmann, S. G. (2011). Emotional granularity and borderline personality disorder. *Journal of Abnormal Psychology, 120*, 414–426.

Szasz, P. L., Szentagotai, A., & Hofmann, S. G. (2011). The effect of emotion regulation strategies on anger. *Behaviour Research and Therapy, 49*, 114–119.

Szasz, P. L., Szentagotai, A., & Hofmann, S. G. (2012). Effects of emotion regulation strategies on smoking craving, attentional bias, and task persistence. *Behaviour Research and Therapy, 50*, 333–340.

Szasz, T. (1961). *The myth of mental illness: Foundations of a theory of personal conduct.* New York: Hoeber-Harper.

Taylor, G. J., Bagby, R. M., & Parker, J. D. A. (1997). *Disorders of affect regulation: Alexithymia in medical and psychiatric illness.* Cambridge, UK: Cambridge University Press.

Terracciano, A., McCrae, R., Hagemann, D., & Costa, P. (2003). Individual difference variables, affective differentiation, and the structures of affect. *Journal of Personality, 71*, 669–703.

Thayer, J. F., Friedman, B. H., & Borkovec, T. D. (1996). Autonomic characteristics of generalized anxiety disorder and worry. *Biological Psychiatry, 39*, 255–266.

Toates, F. (1986). *Motivational systems.* New York: Cambridge University Press.

Tomkins, S. S. (1963). *Affect, imagery, consciousness: Vol. 2. The negative affects.* New York: Springer.

Tomkins, S. S. (1982). Affect theory. In P. Ekman (Ed.), *Emotion in the human face* (2nd ed., pp. 353–395). Cambridge, UK: Cambridge University Press.

Travis, L., Lyness, J. M., Shields, C. G., King, D. A., & Cox, C. (2004). Social support, depression, and functional disability in older adult primary-care patients. *American Journal of Geriatric Psychiatry, 12*, 265–271.

Treynor, W., Gonzalez, R., & Nolen-Hoeksema, S. (2003). Rumination reconsidered: A psychometric analysis. *Cognitive Therapy and Research, 27*, 247–259.

Tucker, D. M., & Newman, J. P. (1981). Verbal versus imaginal cognitive strategies in the inhibition of emotional arousal. *Cognitive Therapy and Research, 5*, 197–202.

Van Boven, L., & Loewenstein, G. (2003). Social projection of transient drive states. *Personality and Social Psychology Bulletin, 29*, 1159–1168.

van Strien, T., Engels, R. C. M. E., Leeuwe, J. V., & Snoek, H. M. (2005). The Stice model of overeating: Tests in clinical and non-clinical samples. *Appetite, 45*, 205–213.

Vitaliano, P. P., DeWolfe, D. J., Mairuro, R. D., Russo, J., & Katon, W. (1990). Appraisal changeability of a stressor as a modifier of the relationship between coping and depression: A test of the hypothesis of fit. *Journal of Personality and Social Psychology, 59*, 582–592.

Vrana, S. R., Cuthbert, B. N., & Lang, P. J. (1986). Fear imagery and text processing. *Psychophysiology, 23*, 247–253.

Wakefield, J. C. (2007). The concept of mental disorder: Diagnostic implications of the harmful dysfunction analysis. *World Psychiatry, 6*, 149–156.

Watkins, E. (2004). Appraisals and strategies associated with rumination and worry. *Personality and Individual Differences, 37*, 679–694.

184 Referências

Watson, D., Clark, L. A., & Tellegen, A. (1988). Development and validation of brief measure of positive and negative affect: The PANAS scales. *Journal of Personality and Social Psychology 54*, 1063–1070.

Watson, D., Wiese, D., Vaidya, J., & Tellegen, A. (1999). The two general activation systems of affect: Structural findings, evolutionary considerations, and psychobiological evidence. *Journal of Personality and Social Psychology, 76*, 820–838.

Wegner, D. M., Schneider, D. J., Carter, S. R., & White, T. L. (1987). Paradoxical effects of thought suppression. *Journal of Personality and Social Psychology, 52*, 5–13.

Wegner, D. M., & Zanakos, S. (1994). Chronic thought suppression. *Journal of Personality, 62*, 615–640.

Wells, A., & Papageorgiou, C. (1998). Social phobia: Effects of external attention on anxiety, negative beliefs, and perspective taking. *Behavior Therapy, 29*, 357–370.

White, J. L., Moffitt, T. E., Caspi, A., Bartusch, D. J., Needles, D. J., & Stouthamer-Loeber, M. (1994). Measuring impulsivity and examining its relationship to delinquency. *Journal of Abnormal Psychology, 103*, 192–205.

Williams, M., & Penman, D. (2011). *Mindfulness: An eight-week plan for finding peace in a frantic world*. New York: Rodale Books.

Wilson, T. D., Wheatley, T. P., Meyers, J. M., Gilbert, D. T., & Axsom, D. (2000). Focalism: A source of durability bias in affective forecasting. *Journal of Personality and Social Psychology, 78*, 821–836.

Winter, K. A., & Kuiper, N. A. (1997). Individual differences in the experience of emotions. *Clinical Psychology Review, 17*, 791–821.

Wirtz, C. M., Hofmann, S. G., Riper, H., & Berking, M. (2014). Emotion regulation predicts anxiety over a five-year interval: A cross-lagged panel analysis. *Depression and Anxiety, 31*, 87–95.

Yap, M. B. H., Allen, N. B., & Ladouceur, C. D. (2008). Maternal socialization of positive affect: The impact of invalidation on adolescent emotion regulation and depressive symptomatology. *Child Development, 79*, 1415–1431.

Yik, M., Russell, J. A., & Steiger, J. H. (2011). A 12-point circumplex structure of core affect. *Emotion, 11*, 705–731.

Young, J. E., Klosko, J. S., & Weishaar, M. E. (2003). *Schema therapy: A practitioner's guide*. New York: Guilford Press.

Young, P. T. (1966). Hedonic organization and regulation of behavior. *Psychological Review, 73*, 59–86.

Zaki, J., & Williams, W. C. (2013). Interpersonal emotion regulation. *Emotion, 13*, 803–810.

Índice

Nota: "f" após o número da página indica uma imagem ou tabela.

A

Ácido gama-aminobutírico (GABA)
 experiências iniciais aversivas e,
  148
 resposta de medo/ansiedade e,
  147-148
Afeto; *ver também* Afeto negativo; Afeto
 positivo
  central, 11-13, 12f, 17
  motivação e, 49-50, 60-62
  self e, 67-77
  versus emoção, 10-12
Afeto negativo
  alimentação e, 50-51
  como fator de risco, 49-51
  desregulação do, 34-36
  relação com o afeto positivo, 117-119
  versus afeto positivo, 10-12, 14-17
Afeto positivo, 35-37
  desregulado, 41-42
  efeitos do, 14-15, 118-119
  estilo afetivo e, 31-33
  falta de, 16-17, 23-24
   meditação de bondade-amorosa
    para aumentar, 133-134
    (*ver também* Prática de *metta*)
  felicidade e, 115-137
   definindo, 115-116
   foco presente e, 120-122
   medindo, 118-120

 meditação de bondade-amorosa,
  de compaixão e, 131-136
  (*ver também* Prática de *metta*)
 mindfulness e, 122-130 (*ver também*
  Mindfulness)
 pano de fundo histórico, 115-118
 pontos clinicamente relevantes,
  135-137
 predizendo, 119-121
 foco em aumentar o, 135-136
 impactos do, 35-37
 motivação e, 49-50, 54-57, 59-62
 processos relacionados ao *self* e, 63, 68-70
 relação com afeto negativo, 117-119
 versus negativo, 10-12, 14-17
Alegria solidária, 132
Alexitimia
 definição, 26-27
 diátese e, 26-28
 medidas de autorrelato para, 151
Algoritmo de cálculo felicífico, 116-118
Alimentando-se com *mindfulness*, 128-130
 prática do cliente, 129-130
Allport, Gordon, 63-64
Amígdala
 meditação e, 146-147
 pesquisas em neurociências sobre,
  147-148
 processamento emocional e, 140-141
 resposta anormal de medo e, 142-143

186 Índice

resposta de medo/ansiedade e,
147-149
supressão e, 143-144
temperamento e, 25-26
Ansiedade
modelo cognitivo-neurobiológico da,
143-146, 144f
preocupação e, 75-76
processamento emocional e, 88-89
serotonina e, 147-148
subtipos de, 76
Aposta, emoção e motivação na, 49-50
Apreensão ansiosa, 76
Aristóteles, 116-117
Assentando-se e respirando com *mindfulness*,
prática do cliente, 127-128
Assimetria hedônica, lei da, 6-7, 115-116
Ativação, *versus* prazer, 13-14
Ativação comportamental, 59-62
prática do cliente e, 60-61
Ativação da ansiedade, 76
Ativação focada na granulosidade emocional,
26-27
Atividade cardiovascular, preocupação e,
75-76
Atividade cerebral, rede predefinida em,
144-146
Autocompaixão, 134-135
Autoconsciência disposicional, 65-68
Autoconsciência situacional, 64-67
em primatas não humanos, 65-66
estilo de enfrentamento, 32-33
James sobre, 63-64
Autocontrole, 70-73, 78
definido, 70-71
influências genéticas e ambientais sobre
o, 71-72
Autodeclarações, 100-102
Autofoco, negativo, psicopatologia e, 67-69
Autopercepção, 65-67
Autorregulação
futuro e, 68-70
modelos de, 68-69
Avaliação; *ver* Avaliação cognitiva, Motivação
aproximativa *versus* evasiva
estado afetivo e, 55-56, 60-62
versus motivação evasiva, 54-57, 59
Avaliação cognitiva, 82-83, 84f

adaptativa *versus* mal-adaptativa,
100-101
autodeclarações e, 100-102
fatores que influenciam a, 99-101
mal-adaptativa, 103-108
respostas fisiológicas e, 2-3

B

Beck, A. T., 99-102, 108
Bem-estar eudaimônico, 115-116
Bem-estar hedônico, 115-116
Bem-estar positivo, hedônico/eudaimônico,
115-116
Bem-estar subjetivo, 36-37
Bentham, Jeremy, 116-118
Budismo
alimentando-se com *mindfulness* e, 129
ensinamentos sobre felicidade, 116-117
meditação de bondade-amorosa e,
131-133
mindfulness e, 122-124
pano de fundo histórico do, 122-123
práticas de meditação do, 132-135
Bulimia nervosa, restrição dietética e, 50-51
Bullying exemplificado, 159-162

C

Capitão-tenente Data, 1
Catastrofização, 106-107
Clareza emocional
prática do cliente, 28-29, 29f
regulação emocional na, 27-29, 29f
Cognições; *ver também* Pensamento;
Pensamentos
distorcidas, 101-103
emoções e, 2-4, 7-11
mal-adaptativas, 105-108
no processamento emocional, 149
Coletivismo, influência sobre emoções, 24-26
Comer compulsivo, modelo *dual-pathway* do,
49-51
Compaixão, para com o *self*, 134-135
Comportamento
afeto positivo *versus* negativo e, 14-17,
35-37
cultura e, 38-39
evitação (*ver* Evitação)
experiências emocionais e, 9-10

Índice **187**

impacts verbais *versus* imagéticos sobre o, 34-35
modelo de afetividade *broaden-and-build* e, 118-119
motivado, 51-55, 57, 59-62
nas teorias da emoção, 3-4
nos transtornos alimentares, 49-51
processos relacionados ao *self* e, 67-72
Comunicação, emoções e, 2-3, 15-17
Confucionismo, 116-117
Congruência, diferenças culturais em, 24-25
Consequências, cuidado com as, lei das, 6-7
Córtex cingulado anterior
  empatia e, 145-146
  no monitoramento de processos de controle, 141-142
Córtex pré-frontal
  emoções e, 141-142
  processamento de reavaliação e, 142-144
  rede predefinida e, 144-146
  resposta anormal de medo e o, 142-143
Crenças, adaptativas, 104-105
Cultura
  experiência das emoções e, 17
  influência sobre as emoções, 23-26

D
Dalai Lama, 133-135
Darwin, Charles, 2-4, 15-17
Data, capitão-tenente, 1
Declarações "se-então", 69-70
Déficits fisiológicos, recompensas e, 51-53
Depressão
  emoção e motivação na, 49-50
  escrita expressiva no tratamento da, 159-162
  fatores que contribuem para, 104-106
  função pré-frontal e, 143-145
  serotonina e, 38-40
  TCC e, 112-113
  técnicas de questionamento guiado e, 42-47
Dharma, 122-124
Diálogos, positivo/negativo, taxa SOM e, 70-71
Diário de atividades, 60-62
Diátese, 25-31
  alexitimia e, 26-28
  clareza emocional e, 27-29, 29f

granulosidade emocional e, 25-27
inteligência emocional e, 29-31
temperamento e, 25-26
tolerância ao desconforto e, 30-31
Dicotomia *nature-nurture*, 17-18
  definições de emoção e, 2-3
Diferenças individuais, 23-47
  alexitimia e, 26-28
  clareza emocional e, 27-29, 29f
  diátese e, 25-31
  na desregulação do afeto negativo, 34-36
  na neurobiologia, 147-149
  na tolerância ao desconforto, 30-31
  níveis de, 23-24
  no afeto positivo, 35-37
  nos estilos afetivos, 31-35
  pano de fundo cultural e, 23-26
  pontos clinicamente relevantes, 46-47
  temperamento, 25-26
  transtornos emocionais e, 37-47
    (*ver também* Transtornos emocionais)
    granulosidade emocional e, 25-27
    na inteligência emocional, 29-31
Disfunção, definindo a, 38
Dukkha (sofrimento), *mindfulness* e, 122-124

E
Ellis, A., 99-102
Emoção/Emoções; *ver também* Teorias tradicionais das emoções
  afeto central e, 11-13, 12f
  afeto positivo *versus* negativo e, 14-16
  afeto *versus*, 10-12
  básicas, 3-6
    compartilhadas com outras culturas/espécies, 3-5
    desafios ao conceito, 4-5
    processos emocionais primários e, 4-6
  características das, 5-11
  cognições e, 2-4, 7-11
  complexidade das, 27-29
  definindo, 1-4, 21
  dimensão da ativação de, 13-14, 14f
  emoções sobre (*ver* Metaexperiência das emoções)
  funções das, 15-17
  importância evolutiva das, 2-3

188 Índice

instrumentais, 18
leis gerais das, 5-7
mal-adaptativas, 18
metaexperiência das, 18-19, 20f-21f
modelo circumplexo das, 4-5
motivação e (*ver* Motivação)
nature versus nurture e, 17-18
natureza das, 1-21
natureza passageira das, 7-8
neurobiologia das (*ver* Neurobiologia das emoções)
papel nas vidas individuais, 42-43
primárias *versus* secundárias, 18
reavaliação e, 111-114
resumo de pontos clinicamente relevantes sobre, 21
rotulando, 27-28
teoria de James-Lange das, 1-3, 8-9
Emoções instrumentais, 18
Emoções mal-adaptativas, 18
Emoções primárias, 18
Emoções secundárias, 18
Empatia, correlatos da, 145-147
Emprego da atenção, 82-83, 84f
Enfrentamento focado na emoção
estilos de, 31-34
versus enfrentamento focado no problema, 31-32, 32f
Enfrentamento focado no problema, *versus* enfrentamento focado na emoção, 31-32, 32f
Epictetus, 7-8
Epigenética, 41-42
Equanimidade, 132
Escala de Afetos Positivos e Negativos (PANAS), 119-120, 151
Escala de Alexitimia de Toronto (TAS-20), 151-152
Escala de Dificuldades em Regulação Emocional (DERS), 152
Escala de Felicidade Subjetiva, 118-120
Escala de Inteligência Emocional, 152
Escala de Respostas Ruminativas (RRS), 152-153
Escala de Traço do Meta-Humor, 152
Escalas de humor, 151
Escrita expressiva, 88-89
exemplo de caso de, 159-162
Esquema de abandono/instabilidade, 110

Esquema de autocontrole insuficiente, 110-111
Esquema de autossacrifício, 110-111
Esquema de defectividade/vergonha, 110-111
Esquema de dependência, 110-111
Esquema de desconfiança/abuso, 110
Esquema de emaranhamento, 110-111
Esquema de fracasso, 110-111
Esquema de grandiosidade, 110-111
Esquema de inibição emocional, 110-111
Esquema de isolamento social, 110-111
Esquema de padrões inflexíveis, 110-111
Esquema de privação emocional, 110-111
Esquema de subjugação, 110-111
Esquema de vulnerabilidade ao dano/doença, 110-111
Esquemas, 113-114
mal-adaptativos, 110-114
papel dos, 100-101
Estado afetivo, motivação aproximativa e, 55-56
Estilo afetivo
diferenças individuais no, 31-35
medidas de autorrelato para, 152
problema *versus* focado na emoção, 31-32
Estilo de enfrentamento, determinantes do, 80-82
Estilo de enfrentamento contextual, 32-33
Estilo de enfrentamento de acomodação, 33-34
Estilo de enfrentamento de atenção, 32-33
Estilo de enfrentamento de intuição social, 34
Estilo de enfrentamento de ocultação, 32-34
Estilo de enfrentamento de resiliência, 31-33
Estilo de enfrentamento de tolerância, 33-34
Estilo de enfrentamento panorâmico, 32-33
Estratégias de enfrentamento
focado no problema *versus* na emoção, 31-32, 79-81
regulação emocional e, 79-82
Estresse
definições de, 80-81
meditação e, 146-147
modelo integrativo de Lazarus do, 80-82
relaxamento muscular progressivo para, 80-81, 155-157

Estudos de ativação cerebral, meditação e, 145-147
Ética a Nicômaco (Aristóteles), 116-117
Evitação, 88-89, 94-95, 112-113
   afeto negativo e, 10-11
   ativa *versus* passiva, 54-56, 62
   confusão e, 18-19
   experiências inéditas e, 36-37
   medo e, 17-18
   pessoa de segurança e, 96
   prática de *mindfulness* e, 124, 143-144
   preocupação e, 34-35, 75-77
   processamento emocional e, 88-89
   regulação emocional e, 87-89
   tendência de monitoramento para, 56-57, 58f, 59
   tolerância ao desconforto e, 30-31
   transtornos de ansiedade e, 94-95, 112-113
Evitação ativa, 54-56, 62
Evitação passiva, 54-55, 62
Evolução, emoções e, 2-3
Experiência emocional, resposta emocional e, 1-3
Experiência subjetiva
   afeto e, 10-12
   avaliação cognitiva e, 101-103, 102f
   emoção e, 1-2, 23-24, 49-50
Expressão das Emoções no Homem e nos Animais, A (Darwin), 2-3
Extroversão/afetividade positiva, 117-119

F

Fardo mínimo, lei do, 6-7
Fatores contextuais, experiência de emoções e, 17
Fatores genéticos, no temperamento, 25-26
Felicidade, 36-37; *ver também* Afeto positivo, felicidade e
   definindo a, 119-120
   ensinamentos budistas sobre a, 116-117
   pano de fundo histórico da, 115-118
   pensar *versus* fazer e, 121-122
   traços temperamentais associados à, 120-121
Flexibilidade emocional, 33-35
Flexibilidade psicológica, 33-34
Focalismo, 78

definição e impactos, 72-73
Foco da valência na granulosidade emocional, 26-27
Fusão pensamento-ação (TAF), 126

G

Ganho máximo, lei do, 6-7
Grade afetiva, 13-14, 14f
Granulosidade emocional, diátese e, 25-27
Gray, Jeffrey, 139-140

H

Habituação, lei da, 6-7

I

Iluminação, caminho da, 123-124
Imagens de espelho
   autoavaliação e, 66-67
   autorreconhecimento em, 67-68
Imagens visuais, *versus* verbalizações, 75-76
Individualismo, influência sobre o, 24-26
Inibidores seletivos da recaptação de serotonina (ISRSs), 39-40
Inquietação, 34-36
Insatisfação corporal, 49-50
Ínsula, papel na experiência afetiva, 141-148
Inteligência emocional
   conceitualização de, 29-31
   diátese e, 29-31
   medidas de autorrelato para, 152
Inteligência social, 64-66
Interesse, lei do, 5-6
Inventário de Depressão de Beck (BDI), 151

J

James, William, 1-2, 63-64

L

Lange, Carl, 1-2
Lei(s)
   da assimetria hedônica, 6-7
   da conservação do *momentum* emocional, 6-7
   da mudança, habituação e sentimento comparativo, 6-7
   da oclusão, 6-7
   do cuidado com as consequências, 6-7
   do fardo mínimo, 6-7

190 Índice

do ganho máximo, 6-7
do interesse, 5-6
da realidade aparente, 5-6
do significado situacional, 5-7

M

Manual diagnóstico e estatístico de transtornos mentais (DSM-5), classificações do, 38
Marcus Aurelius, 7-8
Mead, Margaret, 64-65
Medidas de autorrelato, 151-153
    alexitimia, 151-152
    escalas de humor, 151
    estilo afetivo, 152
    inteligência emocional, 152
    ruminação e preocupação, 152-153
Meditação
    atividade da amígdala e, 146-147
    compaixão, 131-136
    estratégias de, 8-9
    estudos de ativação cerebral na, 145-147
    zen, 122-123
Meditação de bondade-amorosa, 131-136;
    (*ver também* Prática de *metta*)
    evidências empíricas para, 134-136
    impactos da, 136-137
    no tratamento de depressão severa, 162
Meditação de compaixão, 131-136
    evidências empíricas para os efeitos da, 134-136
    impactos da, 136-137
Meditação zen, 122-123
    mindfulness e, 122-124
Medo
    comportamentos associados ao, 16-17
    estudos neurobiológicos sobre, 141-142
    fatores contextuais no, 17
    funções do, 16-17
    modelo cognitivo neurobiológico do, 143-146, 144f
    modelo neuropsicológico de Gray e, 140
    processamento emocional e, 88-89
    responsividade anormal e, 142-143
    serotonina e, 147-148
Mêncio, 116-117
Mente, o vagar da, 120-122
Mentes errantes, 120-122
Metacognição

definida, 18-19
    reavaliação e, 108
Metaemoções, 18-19
Metaexperiências das emoções, 18-19
    criando consciência de, 18-19, 20f, 21
Mill, John Stuart, 116-118
Mindfulness, 122-130
    alimentação e, 128-130
    assentar-se e respirar com, 127-128
    definindo, 123-125, 136-137
    distanciamento e descentralização e, 125-127
    filosofia ocidental e, 122-123
    foco no presente de, 136-137
    pano de fundo histórico, 122-124
    terapias baseadas em, 127
    traço, 126
    utilidade clínica de, 125
Modelo circumplexo de afeto, 11-13, 12f, 21
Modelo circumplexo de valência-ativação, 12-13
    diferenças individuais no, 25-26
Modelo de afeto *broaden-and-build*, 14-16, 118-119
Modelo de avaliação cognitiva da emoção, 10-11; (*ver também* Teoria das emoções de Schachter-Singer)
Modelo de estados da mente (SOM, do inglês *states of mind*), 69-71
Modelo de percepção-ação dos estados de empatia, 145-147
Modelo de reavaliação, 101-104, 102f
Modelo diátese-estresse, 39-42, 42f
Modelo *dual-pathway* do comer compulsivo, 49-51
Modelo integrativo de estresse de Lazarus, 80-82
Modelo processual de regulação emocional de Gross, 82-83, 84f, 89-90
Modificação da situação, 82-83, 84f
Moinho hedônico, 36-37, 115-116
Momentum emocional, conservação da lei da conservação do, 6-7
Motivação, 49-62
    afeto e, 49-50, 60-62
    aproximação *versus* evitação, 54-57, 59
    ativação comportamental e, 59-62
    comportamentos e, 51-55

Índice 191

emoções e, 49-50, 60-62
movida por necessidade *versus* incentivo,
52-53
pontos clinicamente relevantes, 60-62
prática do cliente para compreender,
52-55
querer *versus* gostar e, 57, 59-60
relação com emoção, 49-52
Motivação aproximativa *versus* evasiva,
monitoramento, 56-57, 58f, 59
Motivação de afiliação, 52-53
Motivação de conquista, 52-53
Motivação de fome, 51-53
Motivação de força, 52-53
Motivação de intimidade, 52-53
Motivação de sede, 51-53
Motivação sexual, 52-53
Mudança, lei da, 6-7

N
Neurobiologia das emoções, 139-149
correlatos da empatia e, 145-147
diferenças individuais em, 147-148
pontos clinicamente relevantes, 149
regulação emocional e, 141-146
sistemas neurobiológicos em, 139-142
Neuroticismo/afetividade negativa, 117-119
Nirvana, 116-117
Níveis de cortisol, meditação e, 146-147
Níveis de interleucina 6, meditação e, 146-147

O
O nobre caminho dos oito passos, 116-117

P
Paradigma do reflexo de sobressalto de medo
potenciado, 141-142
Pensamento(s); *ver também* Cognições
automático, 100-102
como hipóteses, 8-9
contrafactual, 69-70, 72-73, 78
em preto e branco, 106-107
monitoramento, 8-9
não negativo, poder do, 69-71
pré-factual, 72-73, 78
Personalização, 106-107
Pessoa de segurança, na regulação emocional
mal-adaptativa, 92-96

Poder do pensamento não negativo, 69-71
Positivo, desqualificação do, 106-107
Prática de descentralização, 125-127
Prática de distanciamento, 125-127
Prática de meditação, 132-135
evidências empíricas para, 134-136
sensorial, 125-127
Prática de meditação sensorial, 125-127
Prática de *metta*, 131-136 (*ver também*
Meditação de bondade-amorosa)
Prática para o cliente
alimentando-se com *mindfulness*,
129-130
assentando-se e respirando com
mindfulness, 127-128
ativação comportamental, 60-61
clareza emocional, 28-29, 29f
meditação de bondade-amorosa, 133-144
para a ruminação/preocupação, 76-77
para compreender a motivação, 52-55
paradoxo da supressão e, 86-87
prognóstico afetivo, 73-74
querer *versus* gostar, 59-60
questionamento socrático, 108-109
regulação emocional intrapessoal, 86-87
regulação emocional interpessoal nos
transtornos de ansiedade, 94-96
Práticas de *mindfulness*
desconforto e, 30-31
foco no presente das, 136-137
Prazer, *versus* ativação, 13-14
Predisposição genética, 38-41
Preocupação, 34-36, 78
áreas cerebrais envolvidas na, 76
atividade cardiovascular na, 75-76
contribuições para os transtornos
emocionais, 74-76
medidas de autorrelato da, 152-153
Primatas, não humanos, autoconsciência e,
65-66
Princípios de psicologia (James), 63-64
Processamento emocional, modelos de, 87-89
Processo generativo das emoções, 82-83
Prognóstico afetivo, 72-74, 115-116
prática do cliente para, 73-74
Psicologia positiva, 116-117
Psicopatologia
autofoco negativo e, 67-69

192 Índice

taxa SOM e, 70-71
Pular para conclusões, 106-107
Punição, definida, 49

Q

Quatro nobres verdades, 122-123
Querer *versus* gostar
  estado afetivo positivo e, 57, 59-60
  prática do cliente e, 59-60
Questionamento socrático, prática do cliente
  no, 108-109
Questionário de Aceitação e Ação-II (AAQ-II),
  152
Questionário de Estilo Afetivo (ASQ), 152
Questionário de Regulação Emocional (ERQ),
  152
Questionário Penn State de preocupação (PSWQ),
  153

R

Raciocínio emocional, 102-104, 107-108,
  113-114
Raiva
  comportamentos associados à, 16-17
  função comunicativa da, 15-16
Realidade aparente, lei da, 5-6
Realismo depressivo, 105-106
Reavaliação
  como uma estratégia de regulação
    emocional, 82-83
  complexidade da, 142-144
  da resposta de afeto negativo, 142-143
  eficácia da, 99
  emoções e, 111-114
  técnicas de, 107-110, 112-113
Receptores benzodiazepínicos, experiências
  iniciais aversivas e, 148
Recompensa
  definida, 49
  hedônica, 51-53
Rede predefinida na atividade cerebral,
  144-146
Regulação emocional, 79-97
  antecedente, 81-83, 84f
  apego inicial e, 89-90
  definindo a, 79-80
  desenvolvimento da, 89-91
  enfrentamento e, 79-82

focada na resposta *versus* no
  interpessoal, 89-97 (*ver também*
    Regulação emocional interpessoal)
  intrapessoal, 81-89 (*ver também*
    Regulação emocional intrapessoal)
  modelo processual de Gross, 82-83, 84f,
    89-90
  neurobiologia da, 141-146, 144f
  persistência de estratégias ineficazes em,
    87-88
Regulação emocional interpessoal, 89-97
  adaptativa *versus* mal-adaptativa, 92-93
  déficits em habilidades e, 50-52
  independente de resposta *versus*
    dependente de resposta, 91-93, 93f
  intrínseca *versus* extrínseca, 91-93, 93f
  nos transtornos de ansiedade, 93-95
  nos transtornos de humor, 96-97
  pontos clinicamente relevantes, 97
  prática do cliente, 94-96
  relações sociais e, 90-92
  temperamento na, 25-26
Regulação emocional intrapessoal, 81-89
  adaptabilidade da, 86-88
  desregulada, 83, 85-86
  estratégias de, 81-83, 84f
  paradoxo da supressão e, 85-87
  prática do cliente, 86-87
  processamento emocional e, 87-90
Regulação social, idade de início, 67-68
Relacionamentos, regulação emocional e,
  90-92
Relações de apego
  adultas, 90-92
  regulação emocional e, 89-90
Relações sociais, regulação emocional e, 90-92
Relaxamento muscular progressivo (PMR)
  instruções para, 155-157
  para lidar com o estresse, 80-81
Resposta de congelamento, 140
Resposta de piscadela, 141-142
Resposta emocional, experiência emocional
  e, 1-3
Respostas fisiológicas
  avaliação cognitiva e, 2-3
  cognições distorcidas e, 101-103, 102f
  impactos verbais *versus* imagéticos,
    34-35, 75-76

nas teorias das emoções, 2-5, 8-12, 103-104
regulação emocional e, 81-83, 85-90
Restrição dietética, bulimia nervosa e, 50-51
Revelação de escrita estruturada, 88-89
Rotulação, de emoções, 27-28
Ruminação, 34-36, 78
contribuição para os transtornos emocionais, 74-76
custo emocional da, 120-122
definida, 74
medidas de autorrelato da, 152-153

S
Saúde emocional, fatores que contribuem com, 104-106
Self, 63-78
afeto e, 67-74
desenvolvimento do, 67-68
estrutura do, 63-65
futuro, 68-70
pontos clinicamente relevantes, 77-78
prognóstico afetivo e, 72-74
prática do cliente de, 73-74
ruminação/preocupação e, 74-77
prática do cliente e, 76-77
teorias do, 63-65
Self atual, 69-70, 77
Self devido, 69-70, 77
Self ideal, 69-70, 77
Sentimento comparativo, lei do, 6-7
Sentimentos, predição de, 72-73
Serotonina
depressão e, 38-40
respostas de medo/ansiedade e, 147-149
Shakespeare, William, 7-8
Significado situacional, lei do, 5-7
Síndrome de Urbach-Wiethe, 141
Sistema da ira/raiva, 55-56
Sistema de aproximação comportamental, 140
Sistema de busca das emoções, 4-5, 49
sistemas associados ao, 55-56
Sistema de cuidado/cuidado maternal, 55-56
Sistema de cuidado das emoções, 4-5
Sistema de emoções do luto, 4-5
Sistema de inibição comportamental (BIS), 140

Sistema de luxúria/sexual, 55-56
Sistema de medo/ansiedade, 55-56
Sistema de medo das emoções, 4-5
Sistema de resposta de luta ou fuga, 140
amígdala e, 141
Sistema do jogo/rough-and-tumble e do vínculo físico e social, 55-56
Sistema do jogo de emoções, 5-6, 49
Sistema do pânico/luto separação-desconforto, 55-56
Sistema do pânico das emoções, 4-6, 49
Sistema emocional de luxúria, 4-5, 49
Sistema límbico-hipotalâmico-hipofisário-suprarrenal, experiências iniciais aversivas e, 148
Sistemas biológicos; ver também Neurobiologia das emoções
emoções e, 1-4
Sistemas cognitivos, características de, 103-105
Sistemas neuropsicológicos, modelo de Gray de, 140
Sofrimento (dukkha), mindfulness e, 122-124
Superestimação de probabilidades, 106-108
Supergeneralização, 106-107
Suporte social, regulação emocional e, 90-92
Supressão
adaptativa versus mal-adaptativa, exemplos de, 87-88
ativação cerebral durante a, 143-144
como uma estratégia de regulação emocional, 81-83
em transtornos de ansiedade/humor, 83, 85
Paradoxo da supressão 85-87
prática do cliente, 86-87
Szasz, Thomas, 38-39

T
Técnicas de questionamento guiado, 42-47, 44f
Técnicas de relaxamento, 80-81
Temperamento
alegria e, 120-121
diátese e, 25-26
Teoria da autodeterminação, relação self-afeto e, 70-71
Teoria da discrepância do self, 69-70

194 Índice

Teoria da mente, 65-66
Teoria das emoções de Cannon-Bard, 9
Teoria das emoções de Festinger, 9
Teoria das emoções de James-Lange, 1-3
  pontos fortes e fracos da, 8-9
Teoria das emoções de Schachter-Singer, 9-11
Teoria de discrepância do *self* de Higgins, 69-70
Teoria do processo oponente, 56-57
Teoria freudiana, 38-39
Teorias psicodinâmicas/psicanalíticas, 38-39
Teorias tradicionais das emoções
  Cannon-Bard, 9
  Festinger, 9
  James-Lange, 1-3, 8-9
  Schachter-Singer, 9-11
Terapia baseada em *mindfulness* (MBT), 127
  eficácia da, 112-113
Terapia cognitivo-comportamental (TCC), 99-108, 102f
  esquemas mal-adaptativos e, 110-112
  estudos sobre eficácia da, 110-112
  sistemas cognitivos separados e, 103-105
  técnicas de reavaliação em, 107-110
Terapia focada na emoção (EFT), 18
Terremoto, respostas ao, 99-100
Tolerância ao desconforto, diátese e, 30-31
Tomás de Aquino, 116-117
Traço de *mindfulness*, 126
Transtorno de Asperger, escrita expressiva no tratamento do, 159-162
Transtorno depressivo maior, escrita expressiva no tratamento do, 159-162
Transtorno por uso de substâncias, emoção e motivação no, 49-50
Transtornos alimentares, emoção e motivação nos, 49-50
Transtornos de ansiedade
  modelo triplo de vulnerabilidades, 40-41
  supressão dos, 83, 85

Transtornos de humor
  emoção e motivação nos, 49-50
  supressão nos, 83, 85
Transtornos emocionais, 37-47
  abordagem cognitivo-comportamental dos (*ver* Terapia cognitivo-comportamental [TCC])
  aplicação clínica, 41-47
  classificações do DSM-5, 38
  definições, 37-40
  desregulação emocional e, 83, 85
  fatores de início *versus* de manutenção, 39-41
  modelo diátese-estresse, 39-42, 42f
  papel do afeto positivo e da felicidade nos (*ver* Afeto positivo, felicidade e)
  preocupação e, 74-76
  ruminação e, 74-76
  teorias dos, 38-40
Transtornos mentais; *ver* Transtornos emocionais
Treinamento em *mindfulness*, 124-125

U
Utilitarismo, 116-117

V
Verbalizações, *versus* imagens visuais, 75-76
Vergonha, funções da, 16-17
Vícios, emoção e motivação nos, 49-50
Viés cognitivo, 67-68, 105-106, 113-114
Viés de atribuição autocentrado, 104-105
Viés de negatividade, 36-37, 106-107
Vitalidade, 36-37

W
Wakefield, Jerome, 38
Woods, Tiger, 5-6

Y
Yoga, *mindfulness* e, 122-124